U0144631

普通化學實驗

魏明通◎著

五南圖書出版公司 印行

化學是以實驗為基礎的科學。古代東方的煉丹家，以實驗嘗試尋找長生不老的藥丹，西方的煉金家，以實驗尋找使賤金屬變為黃金的方法，雖然均未能成功，但他們所開創的溶解、結晶、過濾、蒸餾及乾餾等方法成為近代化學的基礎。

學習化學最有效的途徑是化學實驗。學生惟有在細心及耐心的實驗過程中掌握化學實驗的技巧，徹底了解化學基本概念及認識各種物質的特性，養成優良的科學態度。

本實驗書是配合著者所著五南書局發行的「普通化學」而寫的。編著本實驗時，著者收集有關的參考資料，結果發現本校化學系一直沒有用實驗書而自印普通化學實驗講義，並很意外的看到四十多年前著者擔任化學系助教時所編著的氣體反應定律等實驗仍在講義中，事實上化學實驗的基本概念及操作技巧往往不會因歲月的變遷而改變的，惟隨著科學技術的進展，必然有新的操作法及測定法出現。很高興講義裡有本系教授們隨時補充新的資料。

本實驗書除著者所編的實驗外，部份容納本校化學系的普通化學實驗講義共四十個實驗。請各校教師依照學校的化學器材與設備，實際教學進度，酌量取捨而選擇 12 到 16 個實驗（一學期）進行實驗。

本書編輯力求完善，惟可能仍有未盡妥善之處，敬請任課教師及化學教育先進隨時指正。

魏明通　謹識

2007 年

於國立台灣師範大學化學系

目 錄

普通化學實驗的一般注意事項

普通化學的實驗，通常多數人在同一實驗室內進行，因此需要徹底認識實驗室作業的特別注意事項，才能從事最有效率，獲得最佳實驗結果的實驗。下面列舉一些於實驗室的常識做為一般的注意事項。

1. 實驗器具，實驗室內的清潔及整理

化學實驗常使用易破損的玻璃器具、高精密的測量儀器及具有危險性的藥品，而且時常需用電、火、熱來操作，因此為需要專心、細心及耐心而手腦靈巧的作業來進行。當實驗、實驗桌、實驗器材不清潔而雜亂時，你將會：

⑴不能以爽快而清晰的氣氛來進行實驗。

⑵使疲倦的神經更慌忙，進一步可能造成不可預測的事故或災害的原因。

⑶緊急需要用時來不及洗滌或到處尋找放置場所。

⑷易誤倒藥品在棹上，不易在清潔環境使用。

⑸操作微量物質時，灰塵或污染會影響精密的測量。

因此，不能很有效率的進行實驗，雖然很簡單請注意下列幾項：

⑴手及實驗衣應乾淨而無污染。

⑵沒有塵埃污染實驗器具及裝藥品的容器。

⑶保持實驗室內隨時在無塵埃的狀態。

⑷實驗器具及藥品應整理在最易取用的位置，並隨時都放在同一場所。

2. 防止危險與對災害的緊急處理

了解各種藥品的危險性組合，以及危險性藥品的使用方法，特別留意以酒精燈、本生燈加熱時預防災害的發生。將急救用品及滅火器材的位置及處理方法牢記在心裡，萬一意外災害發生時能夠立即使用。關於本項將於下章藥物的危害及急救處置中詳述。

3. 器具、裝置的使用

普通化學實驗的器具及裝置需要細心的使用。為防止損傷或實驗的失敗，應理解將各器具或裝置的特性及構造。例如玻璃器具隨使用目的而有各種形狀、大小。試管或燒杯等玻璃器具具有開口愈大愈易破裂，開口愈小愈不易破裂，管壁愈厚加熱時愈易破裂等特性。這些玻璃器具與那些藥品共同加熱時，往往共熔在一起而不能再使用，在多少溫度以上不能使用，或不能使用鉑坩堝但可使用鎳坩堝或銅坩堝等，普通化學實驗常識應早日體會。

4. 實驗的觀察與記錄

普通化學實驗必須聽從教師（含助教）的吩咐及注意事項，實驗中盡量不離開實驗桌並用細心觀察實驗操作中所發生的一切事實，測定的事項隨時做記錄。在操作中所起的疑問，失敗的實驗亦要記錄做為下一步實驗的指針。實驗結束後盡早整理，進行計算或實驗結果的檢討。

5. 值日生的工作

在普化實驗前教師要指定值日生2～4名，或於學期開始時排定值日生名單。值日生的工作如下列值日生工作日誌，實驗結束亦要檢查各小組及整體實驗室的環境並寫報告。

值日生工作日誌

【實驗前】

日期：　　年　月　日　　　　　　　　　　　　時間：　點　分

值日生簽名：________　________　________　________

工作內容：

1. 記錄清點之藥品名稱、數量及準備所需之器材設備。
2. 記錄配置藥品計算過程。
3. 報告發放、開櫃子、抽風扇、抽氣櫃、提蒸餾水。
4. 溶劑類藥品請擺放在第 1 抽風櫃中。

記錄：

實驗名稱：________________________________

藥品與器材：

____

____

____

____

____

藥品配置過程：

【實驗結束後】

記錄時間：　　點　分　　　　記錄人：

一、各小組檢查項目：

項目／組別	桌面鐵架	水槽抹布刷子	抽屜	插座	抽氣幫浦	椅子	抽氣櫃門	工具清單	公共器材清單	加熱攪拌器	櫃子上鎖	備注
1												
2												
3												
4												
5												
6												
7												
8												
9												
10												
11												
12												
13												
14												
15												
16												

註：合格者請打✓，不合格請打✕。（請確實嚴格執行）

二、普化實驗室整體環境檢查項目：

項目	天平清潔	藥品歸位	器材歸位	黑板整理	地板清潔	窗戶擦拭	桌面整潔	水槽整理	關抽風扇	關抽氣櫃	插座	開燈	倒垃圾	備注

值日生簽名：________　________　________　________

助教簽名：________

6. 實驗報告

各組學生在實驗結束後，在規定時間內向教師提出實驗報告，實驗報告形式的範例為：

⑴實驗項目：寫出實驗的主題

⑵實驗日期：年月日外最好加上氣候及室溫

⑶實驗名單：實驗者及共同實驗者的姓名

⑷實驗目的：簡述本項實驗的目的

⑸藥品：列舉試樣、藥名名稱（含純度）

⑹器材：所用器具、容量，測定器的精密度

⑺實驗方法：以什麼條件及什麼方法來實驗

⑻實驗經過：細心記載實驗中所發生的所有觀察事實，測定值等

⑼觀察要點與記錄：是否達成實驗目的及結果

⑽問題與討論：回答實驗書的問題及實驗中產生的問題並以自己的見解來討論

7. 廢棄物的處理

實驗中或實驗後所產生的廢棄物，如不細心處理，往往會產生意外事故，因此要當成一種常識來處理廢棄物。例如在萃取分離物質時，本來目的物質應在下層液中，但因濃度等關係進入上層溶液中，因此不要使上層液流失而保存於容器中。又在分析實驗中常用的硝酸銀溶液及銀鹽生成物等，最好放在另一容器中設法回收建立節省材料的習慣。有時將實驗的廢棄物不小心流入水槽或丟在垃圾筒以致產生惡臭、或發熱、爆炸等危險，特別與反應有關的物質之廢棄物應特別注意。實驗後應清洗所用過的器具並放回原來的位置。最後關好水、電、煤氣等開關後離開實驗室，此為實驗者每個人應備的日常常識。

化學實驗室的災害防止與急救處理

在化學實驗室所起的事故大致分為火災、爆炸、藥品的傷害，與火或器材的傷害等。事前預防這些事故，或使被害程度減小，或預先了解急救處理法，為化學實驗的基本素養，如此才能贏得實驗或研究的成果。以下列舉在化學實驗室的安全與急救要領供讀者的參考。

1. 預防事故

⑴實驗室結構及設備的整備

雖然實驗者個人的注意與專心很重要，但實驗室的結構及設備對於預防事故方面亦很重要。實驗室為非燃燒性的建築結構，不是木材所做的天花板，實驗室的門向外開而不是向內開，滅火設備不但完善而且放置於固定位置等，不但可預防事故的發生，萬一發生時亦能從事急救處置。

⑵調查藥品及其反應性

使用藥品及試劑前，預先調查藥品的性質，特別是該藥品有沒有危險性及其程度。使用試劑反應時應預先了解應該起的反應的性質。通常在實驗室要特別注意具引火性的液體試劑，具體來說要留意下列數項：①揮發性與沸點，②著火點，③蒸發成蒸氣時的比重，④化學活性與發熱量，⑤含不會引火到貯存的試劑，⑥使用完的試劑要倒入水槽時亦特別留意。乙醚蒸氣較空氣重並具引火性，過去有人在實驗桌一端操作乙醚，在同桌另一端有人做其他實驗的點火時，雖然距離兩公尺之遠，然而另一端的乙醚容器卻起火燃燒，這是因為乙醚蒸氣比空氣重而彌漫於桌面上。

⑶思考安全的使用方法

如上述了解藥品的性質及反應性後，需思考最安全的使用方法。

⑷明確標示的危險藥品，貯存於一定的場所

對於具危險性的藥品應明確標示危險藥品並貯存在一定的場所。液體固體分開，揮發性藥品應放在通風性較佳的場所等。

(5)了解緊急時的處置方法

①急救用具：防毒面具，橡皮手套，保護眼鏡，通風櫥或通風室的使用。

②滅火劑：水、砂、滅火器（四氯化碳，二氧化碳等）。

③救急灑水裝置。

④火災通報，緊急通報及醫務通報。

⑤中毒：立刻遠離中毒源，使其臥伏，肩膀向橫，引出舌頭，注意保溫立即請急救車送醫。

2. 實驗室的火災

實驗室火災原因為本生燈、酒精燈或電熱器等，但特別要留意的是發火性藥品，可燃性溶劑的使用。

(1)可燃性溶劑

乙醚、丙酮、甲醇、石油醚、石油英（ligroin）、苯、甲苯、二甲苯、二硫化碳、乙酸乙酯等沸點低的可燃性液體要特別留意使用。例如乙醚的沸點為34.6℃而由香煙的灰亦可使其燃燒。這些可燃性溶劑的保存及處理方法為：

①避免大量的貯存在一起。假使為大量貯存時，放入於馬口鐵（即鍍錫鐵）罐中並密封。從馬口鐵罐倒出溶劑應在完全沒有火氣的環境進行。將實驗室的門打開而在走廊上從大容器倒出苯時，實驗室的窗邊做實驗的本生燈火焰引起苯燃燒，以致產生大災害的實例，夏天特別要留意。

②通常在實驗室，不放置500mL以上的可燃性溶劑。

③要分成小量時最好使用虹吸管。

④使用厚度較薄的燒瓶、錐形瓶或平底燒瓶裝可燃性溶劑而密封時，因蒸發而增加壓力以致瓶子破裂的危險。放在試藥棚上的藥品或試劑於不知不覺時破裂而引起火災便是為此種原因所起。

⑤加熱可燃性溶劑，盡量不使用錐形瓶或平底燒瓶而用燒杯或圓底燒瓶，多數場合不直接加熱而以水浴、湯浴中溫和加溫。

⑥使用可燃性溶劑時，其附近不能使用酒精燈或本生燈。

⑦可燃性溶劑在蒸餾、濃縮或加熱中不可加入沸石（boiling stone），

因為可能產生爆沸（bumping）而起火災。

⑧蒸餾乙醚、丙酮等低沸點的溶劑盡量使用蛇管的冷凝器。

⑨水浴、湯浴加熱中要留意不使其完全蒸乾。

⑩油浴過程中要留意加熱器的火焰，特別於加熱 200℃以上將往往引火到油的蒸氣。這時應將加熱器熄滅後，拉上燒杯或燒瓶並以平盤蓋住油面火焰便會消失。

⑪以可燃性溶劑再結晶的晶體放入電乾燥器時，應先乾燥後放進，而且一次不能放太多量晶體。

⑵自然發火性物質

一般著火性物質加黃磷、鈉、鉀等而對這些物質應有特別的處理方法為：

①黃磷遇到空氣時會著火，因此貯存於放入大量水的廣口瓶中。為預防水的蒸發，瓶口應加軟木塞塞往並為避免廣口瓶破損，將廣口瓶放入裝砂的鐵製容器中。使用黃磷時以鑷子夾取黃磷放入裝水的燒杯中用剪刀或刀子切取使用的大小。稱量時亦在另一裝水且已知重量的燒杯中來稱量。

②鈉與鉀都與水劇烈反應並自己著火因此需貯存於石油中。貯存的瓶亦如貯存黃磷時一般，應放入於裝砂的鐵製容器以防其破損。

③亞硝酸鋁、濃氨水、發煙硝酸等貯存時易發生氣體，隨時要注意其開口。附表 1 為有著火及自然爆炸可能的危險試藥類之性質及處置時的留意點。

表 1　危險試藥類

試藥	性質	處置留意點	貯存限量 kg	滅火劑
氯酸鹽 過氯酸鹽 過氧化物 硝酸鹽 過錳酸鹽	具強力的氧化作用，可能起爆炸		50 50 50 1000 1000	水、砂不能用四氯化碳
黃磷、赤磷 硫化磷 硫	遇空氣可能起自然發火而爆炸	黃磷特別放在水中貯存	20 50	水、四氯化碳、二氧化碳有效，不可用砂

試藥	性質	處置留意點	貯存限量 kg	滅火劑
鉀、鈉 鎂粉 生石灰 碳化鈣 磷化鈣	與水反應而發熱、著火並有爆炸的可能	鈉、鉀應放在石油中貯藏。為防止水分、濕度而置於密閉容器	5 5 500 300 300	不可用水，砂，四氯化碘、二氧化碳均有效
乙醚 丙酮 醇類 苯 甲苯 二甲苯 石油類 乙酸乙酯 二硫化碳 動植物油脂	引火惶大，故在注意火氣	不能大量放在室內。分裝時或由大容器移到小容器，應在室外太陽曬不到處進行	50 100 200 100 100 200 50 2000	砂、四氯化碘、二氧化碳有效 不可用水
硝基化合物 硝酸酯 賽璐珞	具爆炸性	熱及外來撞擊	200 150	水有效 不可用砂，二氧化碳 四氯化碳有時可用
發煙硝酸 發煙硫酸 氯磺酸	與水強烈作用並發熱			不可用水、四氯化碳砂、二氧化碳有時可用

3. 爆炸的災害

化學反應急速進行，急劇產生多量氣體，體積劇烈增加的現象造成實驗室的爆炸，因此實驗者亦應十分認識爆炸可能性物質的性質，了解危險的組合並注意其使用方式，以上為防止爆炸災害的先決條件。爆炸性物質有：

(1)鹵化氮

①氯化氮 NCl_3：猛烈爆炸性

②碘化氮 NI_3：乾燥狀態具猛爆性

⑵氫疊氮酸（hydrazoic acid）及其鹽類

①氫疊氮酸濃厚液 HN_3：具爆炸性

② 銀、汞、銅、鉛、鎂等的氫疊氮酸鹽 AgN_3，HgN_3，CuN_3，PbN_6，MgN_6：具爆炸性

③鹼金族、鹼土金族的氫疊氮酸鹽 NaN_3，BaN_6 等稍為安定，但因急速加熱或衝擊而爆炸。

⑶雷酸鹽（fulminate, HONC）

雷汞（mercury fulminate $Hg(ONC)_2$），雷酸金 AuONC，雷酸銀 AgONC 等乾燥時具爆炸性

⑷重金屬乙炔化合物

銀、汞、銅的乙炔化合物 C_2Ag_2，C_2Hg_2，C_2Cu_2 等在乾燥狀態具強爆炸性。

⑸過氧化物及含多量氧的鹽類

①氯酸銨 NH_4ClO_3，氯酸亞錫 $Sn(ClO_3)_2$，過錳酸銨 NH_4MnO_4 等易起爆炸。

②溴酸銨 NH_4BrO_3，碘酸銨 NH_4IO_3，鉻酸銨 $(NH_4)_2CrO_4$，二鉻酸銨 $(NH_4)_2Cr_2O_7$，過氯酸銨 NH_4ClO_4，過氧二硫酸銨 $(NH_4)_2S_2O_8$，及銀、汞、鉛、鋁等之氯酸鹽。$AgClO_3$，$HgClO_3$，$Pb(ClO_3)_2 \cdot H_2O$，$Al(ClO_3)_2 \cdot 6H_2O$ 等加熱 100～250℃或衝擊而起爆炸。

③ 氯酸鉀 $KClO_3$，氯酸鈉 $NaClO_3$，硝酸銨 NH_4NO_3，過氧化鈉 Na_2O_2 等急加熱或強衝擊的爆炸。

④氯酸鉀，氯酸鈉，過錳酸鉀等在單獨存在時比較安定，但遇到少量硝酸時會爆炸。

⑹硝基化合物、硝酸酯

硝酸為很強的氧化劑，硝酸與可燃性物質混合時劇烈反應具爆炸的性質。硝酸與有機化合物反應所生成的硝基化合物或硝酸酯等，多數因衝擊或加熱起爆炸。這些化合物有：硝化甘油〔nitroglycerin, $C_3H_5(ONO_2)_3$〕，硝化甘醇〔nitroglycol, $(CH_2ONO_2)_2$, $CH_2ONO_2)_2$〕，硝化纖維素（nitrocellulose），二硝苯〔dinitrobenzene, $C_6H_4(NO_2)_2$〕，二硝萘〔dinitronaphthalene, $C_{10}H_6(NO_2)_2$〕，三硝基苯〔trinitrobenzen, $C_6H_3(NO_2)_3$〕，三硝基甲苯〔trinitrotoluene, $CH_3 \cdot C_6H_2(NO_2)_3$〕，苦味酸〔picric acid 即

三硝基酚，$C_6H_2(OH)(NO_2)_3$〕

(7)聯胺（hydragine, NH_2-NH_2又名肼）或羥胺（hydroxylamine, NH_2OH又名胲）

聯胺、羥胺及其鹽類在急速加熱或與強氧化劑接觸時會起爆炸。

(8)液態空氣及液態氧

遇乙醚、酒精、丙酮等起爆炸。使用時由液態急速膨脹需注意。

下表 2 表示這些危險性物質與其他物質組合在一起時可能發火或爆炸。

表 2　爆炸或發火的危險性物質的組合

物質	混合的物質	發火、爆炸的危險
空氣	參照危險試藥類者	發火、爆炸
水	參照危險試藥類者	發火、爆炸
液態空氣	乙醚、乙醇、二硫化碳、丙酮、石油類、萘、樟腦、蔗糖等	爆炸
氯	黃磷、氫 金屬粉末：銻、砷、鉍、銅、黃銅、鋅、鋁等，鹼金族、鹼土金族，赤磷	爆炸
氯、次氯酸鹽	氨、氯化銨濃溶液	生成猛裂爆炸性的氯化氮
溴	濃氨水	氨過剩時無危險性，一時加多的溴或液體變酸性時生成猛烈爆炸性的溴化氮
溴	金屬粉末：鉀、磷、硫、砷、鋅、銻、鋁等	發火
碘	氨、濃氨水	生成猛爆炸性的碘化氮
銻粉	氯、溴、碘	隨量多寡而發火或爆炸並生成鹵化物
乙醚	濃過氧化氫	生成爆炸性的有機過氧化物
氧化銀	鎂、硒、硫及金、汞、銻等之硫化物	混合磨碎或加熱時發火及爆炸
硝酸銀	氨水	生成雷酸銀，加熱會爆炸
硝酸汞	乙醇	生成猛爆炸性的雷汞

物質	混合的物質	發火、爆炸的危險
過氧化鈉	碳化鈣、鎂粉、鋁粉、硫、乙醚、醋酸、乳酸、木炭、木屑等	隨量之多寡而發火或爆炸。濕氣多時更猛烈
氯酸鉀	氨、碳酸銨、氯化亞錫	生成自爆性而不安定的氯酸
過錳酸鉀	硫、磷、銻、碳粉、鞣酸、可燃性物質	加熱或混合研磨而發火或爆炸
鉻酸、二鉻酸鉀	硫、木炭粉、可燃性物質	急熱、衝擊而爆炸

4. 火災時的處置

(1)立即熄滅酒精燈或本生燈的火源。

(2)將周圍的可燃性、引火性物質搬到遠處。

(3)小火時用砂或濕布蓋上滅火。千萬不用吹氣或噴水或使用滅火器，因為可能吹倒放藥品的容器使火災擴大。

(4)多數有機溶劑著火，用水無法滅火。不能使用四氯化碳滅火器於鈉的著火等，平常就要了解危險性藥物與滅火劑的關係（請參考表）。

(5)衣類著火時應立即躺在地板上滾轉方式來滅火，或由鄰近的同學用毛氈或實驗衣包住著火者來滅火。

5. 藥物的危害及急救處置

實驗時應十分注意酸、鹼、毒性藥品及麻醉性藥品，加入試劑於試劑時，要特別留意激烈的反應或有無噴出的反應。

(1)酸、鹼的作用

盡量不使酸或鹼接觸到皮膚、口、眼及衣類，實驗時應帶保護眼鏡。

(2)加入試劑，反應在進行時

容器口（試管口或錐形瓶口等）不能朝向人。在進行反應時千萬不能從上面往下看燒杯或燒瓶。加入濃硝酸或濃硫酸一次加少許且慢慢的加。在試管中有試劑而再加入其他試劑時，有時反應很激烈而有噴出試劑的現象產生，因此試管口不能朝向任何人。

⑶麻醉性藥品

特殊的麻醉性藥品大家都特別注意使用，但日常常使用的乙醇、乙醚、三氯甲烷等亦具有麻醉性，由此使用時亦要特別留意，不要吸入太多。

⑷毒性藥品

毒性藥品的範圍較大，其對人的有毒作用的量隨個人差而不同，很難斷定那些程度影響的才稱毒物，但在化學實驗中以附著於皮膚時必須立刻處置的，不能吸進於身體的，飲入後對生命有危險的當做毒物而要有一定限度的了解。

⑸試藥附著於皮膚

①酸：以水充分洗滌後，有0.1～0.2%的碳酸氫鈉溶液或1～2%硼酸溶液洗後，再用水清洗。設皮膚傷的較重時再用酒精消毒後塗軟膏到醫務室。

②鹼：鹼的腐蝕性較大，因此處理較酸困難。以水充分沖洗皮膚，如果是附著稀鹹溶液時，以硼酸水洗滌，附著的是濃鹼溶時以稀醋酸溶液（1%）迅速洗，可是不能洗太久，否則傷口會被酸侵蝕，最後以清水充分清洗。

③氯或溴：用硫代硫酸鈉溶液洗後，塗甘油於皮膚。

⑹試藥類進入眼睛

立即用清水充分沖洗眼睛，設有洗眼設備應十分應用。洗後仍覺得眼睛痛時要去看眼科醫師。雖然有的書說明酸進入眼睛時用碳酸氫鈉溶液，鹼進入時用硼酸水洗滌，但盡量不用中和劑洗眼做急救處置，最好留給醫師處置。

⑺吸入毒性氣體

吸入有毒性氣體而暈倒時，移到新鮮空氣的地方，必要時以氧氣筒使其呼吸氧氣或進行人工呼吸。

表3為主要毒性物的生理作用與急救處置。

表 3　主要毒物的生理作用及急救處置

物質	生理作用	急救處置
氯、溴	（氣體）刺激眼睛、氣道的粘膜，灼熱感、流淚、咳嗽、液狀的溴腐蝕皮膚	呼吸氨，水洗皮膚飲入時用蛋白水、澱粉、硫代硫酸鈉洗胃。
一氧化碳	頭重、耳鳴、眩暈	在新鮮空氣下人工呼吸，氧氣筒注入氧，打針強心劑，就醫。
磷	赤磷無毒，黃磷極毒，其蒸氣強烈刺激粘膜，具腐蝕作用，黃磷0.2～0.5克致死。	附著時，水沖洗，吸入時，氧氣筒吸氧，飲入時，洗淨胃，催吐（1%硫酸銅溶液 20mL）。
氨	局部刺激作用，呼吸器官發炎，接觸部位腐蝕，強度時呼吸困難。	大量中和劑（5～10%稀醋酸、0.5%檸檬酸、牛奶）沖洗，不可洗胃，催吐（以指頭，不用催吐劑）。
苯	吸入苯蒸氣時，產生慢性或急性中毒，骨髓、造血的障害，血小板減少及神經障害（眩暈、昏迷、呼吸困難、性格異常等）大量吸入起精神混亂致死之可怕	洗胃（5%硫代硫酸鈉溶液），以5%二氧化碳加於氧氣來呼吸，投興奮劑（山梗雜鹼，lobline，可拉明 colamine，維生樟腦 vitacamphor 等）。
二硫化碳	附著或吸入蒸氣而產生頭痛、意識混濁、循環器官障害、下痢、及精神錯亂等	移到新鮮空氣場所並呼吸氧氣，人工呼吸，以硫代硫酸鈉溶液洗胃，可打強心劑。
硫化氫	低濃度：刺激粘膜，嘔吐、眩暈、呼吸障害、無力、麻醉；高濃度（0.2%）呼吸不久致死	移到新鮮空氣場所，人工呼吸，加5%碳酸的氧來呼吸。強心劑。
強酸類	附著部位腐蝕，飲入：嘔吐、胃部激痛、血性下痢。 致死量：硫酸（5～10g） 硝酸（3～8g）鹽酸（10～15g）	局部大量水洗後，以5%碳酸氫鈉溶液再沖洗。飲入時不可洗胃，以大量的水稀釋及氧化鎂乳、石灰水中和再飲用牛奶、蛋白等。
強鹼類	局部刺激並腐蝕，飲入時嘔吐、血性下痢、血尿。強度時虛脫心臟麻痹	與「氨」項相同處置。
砷化合物（亞砷酸鉀、亞砷酸鈉、砷化氫）	急性：下痢、嘔吐、心臟衰弱、虛脫可能致死。 慢性：頭痛、多發性神經炎、黃膽、不眠	以1～2%氫氧化鎂溶液洗胃，吸入氧氣，用亞砷酸解毒劑之（硫酸鐵溶液 100mL 與水 250mL）+（氫氧化鎂 15mL 與水 250mL），硫代硫酸鈉等來洗。

物質	生理作用	急救處置
汞化合物	急性：口渴、嘔吐、循環器官障害、貧血 慢性：榮養與神經傷害、貧血 昇汞急性中毒 0.5g 致死量 1g	洗胃：蛋白水，多量牛乳，使用碳末吸附，以硫酸鎂來排出。

6. 傷害的危險與其處置

在化學實驗室的傷害通常隨事故而引起，但如玻璃割傷等在不知不覺中發生，因此實驗時要特別注意。

⑴燒傷：火災事故時往往產生燒傷，但要留意因加熱器（本生燈、酒精燈、電爐等）的不慎使用，則燒過玻璃管的燙傷，操作中性熱液、因黃磷的燒傷等要特別留意。其處置方法為：

①大的燒傷時，靜靜使其躺下，以剪刀完全去除身上的衣類，保持室內的溫暖，使其飲水並等待醫師。

②小的燒傷時，用鋅白橄欖油塗上後蓋上冷濕布。

③噴到酒精或苯並著火引起相當廣範圍的燒傷時，以 3%鞣酸（tannic acid，又稱單寧酸）沖燒傷部位後，用布沾濕鞣酸溶液蓋住部位，再請醫師處理。

④黃磷燒傷時，將附著磷的部位立刻浸入水中沖洗 30 分鐘，浸入於 3%硫酸銅溶液中 15 分鐘使磷成銅鹽後以鑷子夾取，並用普通燒傷一樣處置。

⑵其他傷害：燒傷以外的化學實驗室傷害中最多的是因玻璃所起的傷害，因玻璃器具的破損之受傷外，化學反應極劇烈起爆炸而玻璃碎片飛散結果受傷。此外將玻璃管、溫度計或長頸漏斗插入橡皮塞或軟木塞時，玻璃斷裂而有受傷的可能。

①受傷而小出血時以雙氧水洗傷口，輕壓著看有沒有玻片在傷口，易取出的用鑷子取出後再用雙氧水及紅藥水消毒，用紗布綳住。

②較大量出血時，強力壓傷口仍無法停止出血時，以傷口接近心臟部的血脈處緊綁立刻送醫。

③玻璃碎片進入眼睛時，以清水輕輕沖洗，如能洗出玻璃碎片較好，但亦有玻璃碎片插入眼球的可能，故帶眼帶立刻就醫。

實驗部分

實驗一　原子量的測定

❖目的

以實驗方法測量元素的近似原子量及精確原子量。學習正確操作坩堝的方法及了解定量分析上需要有效數字的觀念。

❖概論

1. 近似原子量

1819 年杜隆和伯蒂（Dulong and Petit）發現固體物質尤其是金屬元素，在 300°K 以上時，其莫耳熱容量（molar heat capacity）約為 3R 或 6（卡／莫耳・度）。R 為氣體常數，此處為 2 卡／莫耳・度。一物質的莫耳熱容量為該物質一莫耳升高攝氏 1 度所需的熱量，因此一莫耳（即一克原子量）的金屬元素，可以下式表示：

$$6 = MS \text{ 或 } M = 6/S$$

此處之 S 為金屬元素的比熱（卡／克・度），M 為近似原子量。如能用實驗方法求得一金屬元素之比熱 S，可用上式求得該元素的原子量。式中的 6（卡／莫耳・度）為一近似值，故所求得的原子量僅為近似原子量。

2. 精確原子量

一元素的原子量是這元素的原子與碳元素中自然界存在率最多的碳-12 同位素的比較重量。若求得一元素與定量 ^{12}C 互相化合之量，再與近似原子量相比較，可求得精確原子量。在這實驗裡把一定量的金屬 M 變成氧化物的方式來求 M 的原子量。空氣中含有很多氧，許多金屬在空氣中加熱，可產生金屬氧化物。不過空氣中亦有許多氮，在高溫時很多金屬與氮亦可化合。金屬氮化物與水反應可產生氨。這些反應以化學反應式表示如下：

$$2M+O_2 \rightarrow 2MO$$

$$3M+N_2 \rightarrow M_3N_2$$

$$M_3N_2+6H_2O \rightarrow 3M(OH)_2+2NH_3$$

$$M(OH)_2 \rightarrow MO+H_2O$$

從以上的化學反應式，可知金屬元素在空氣中加熱後再與水反應，加熱除去氨及水，餘下的便是金屬氧化物。乾燥後金屬元素所增加的重量即該金屬與氧化合的氧重。如此可求得該元素之當量（^{12}C ＝12 時，氧之原子量 15.99），再以近似原子量做比對，便可求得該元素精確原子量。

❖藥品

金屬片
稀鹽酸（0.5N）
丙　酮

❖器材

坩堝及坩堝蓋	2 組
坩堝鉗	1 支
三角架	1 個
塑膠杯　300mL	1 個
塑膠杯　50mL	1 個
燒　杯　600mL	1 個
試　管	1 支

試管夾	1 個
電動天平	1 架
量　筒　50mL	1 支
本生燈	1 支

❖實驗步驟

1. 近似原子量

⑴取金屬片浸入稀鹽酸中兩次，每次約數秒鐘，再以蒸餾水及丙酮洗滌、擦乾備用。

⑵取一片金屬稱重至毫克，設其重為 Wm。

⑶取較慢散熱的50mL塑膠杯，盛20mL蒸餾水，插入溫度計，緩慢攪拌，每兩分鐘量水溫一次至恆溫為止。記錄溫度 T_1。

⑷另以600mL的燒杯盛水約三分之二滿後，加熱至沸騰，同時以一支試管中放入金屬片後，將試管浸入沸水中，試管底勿與燒杯底相觸，維持水沸騰，但本生燈火不可太大，約十分鐘後確定試管中的金屬片與試管外的水溫一致，記下溫度為T_2。立即將金屬片放入⑶之塑膠杯中，注意切勿使燒杯中沸水倒入塑膠杯內，以玻棒攪拌杯中的水，讀取溫度並每 5～10 秒讀溫度一次至溫度升至最高時記下溫度 T_f，取出金屬片，擦乾備用。

2. 精確原子量

⑴取兩個清潔的坩堝及其蓋並甲乙兩組做下記號。將甲坩堝放在三角架上，以本生燈加熱至火紅約 5 分鐘。冷卻至室溫後稱坩堝及蓋的重量至毫克為止。操作時使用坩堝鉗，避免用手取坩堝，記錄其重為 W_0 克。

⑵取 0.1～0.2 克剪碎的金屬片置於坩場中加坩堝蓋後再稱其重至毫克並記錄為 W_1。

⑶坩堝置於三角架上加熱，若坩堝內著火即蓋好坩堝蓋將火熄滅，並注意不可讓堝內白色煙逸出。火熄後繼續加熱，直到堝內金屬全部氧化。再蓋好坩堝蓋加熱約五分鐘，取下坩堝。

圖 1-1　加熱坩堝

⑷坩堝冷卻後加數滴水至全部固體物質濕潤為止，先緩緩加熱去乾再強烈加熱五分鐘，此時已除去氮化物，取下坩堝冷卻後連蓋子稱重至毫克，記錄為 W_2。

⑸以同樣步驟用乙號坩堝與另一塊金屬片作同樣實驗。操作兩次所得結果以平均值標示，同時列出誤差，如 24.5±0.3

❖結果及討論

	坩堝甲	坩堝乙
坩堝＋蓋子重	克	克
坩堝＋蓋子＋金屬重	克	克
坩堝＋蓋子＋金屬氧化物重	克	克
金屬氧化物重	克	克
金屬氧化物中金屬重		
金屬氧化物中氧重		
金屬與 1 克氧化合重		
金屬與 16.0 克氧化合重		
氧的原子量為 16amu 金屬的平均質量		amu
金屬之原子量，設		
1 個金屬原子與 1 個氧原子化合		
1 個金屬原子與 2 個氧原子化合		
2 個金屬原子與 1 個氧原子化合		

近似原子量		
金屬重，Wm	克	克
初水溫，T_1		
金屬末溫，T_2		
末水溫，T_f		
金屬的比熱		
近似原子量		
精確原子量		

❖討論

1. 本實驗裡你測定原子量所得的結果，如何受下列各因素的影響？

   ⑴開始稱量時坩堝是濕的，但最後稱量時為乾的。

   ⑵金屬只有一部分轉變為氧化物，尚有一部分仍保留未變化的狀態。

   ⑶金屬氧化物的薄片在強烈加熱時潑出坩堝外一些。

2. 根據原子量表，你認為本實驗所用之金屬為何？其正確原子量是多少？計算你實驗的%誤差。

$$\%\text{誤差} = \frac{|\text{實驗值} - \text{正確值}|}{\text{正確值}} \times 100\%$$

實驗二　分子量的測定

❖目的

以蒸氣密度法測定有機物質的分子量

❖概論

測定氣態物質分子量最方便的方法是要適當的溫度及壓力下，實測一定體積（V）的氣體質量（w），使用理想氣體方程式計算此一氣體在標準狀態時的密度（d），再乘以氣體的標準莫耳體積（standard molar volume, 22.414 升）得該氣體的分子量。

以同樣方法亦可測定揮發性液體物質的分子量。將適量的液體物質放入一個體積V的容器內，在適當的溫度（T）及壓力（ρ）下，使液體完全蒸發，並且把過量的蒸氣排出容器外，然後將容器及蒸氣冷卻至室溫時蒸氣凝結成液體，稱量此液體的質量 W 為溫度 T，壓力ρ將V體積蒸氣的質量。由理想氣體方程式計算蒸氣的密度及液體物質的分子量。

❖藥品

甲醇
乙醇
丙醇

❖器材

錐形瓶	125mL	1個
燒　杯	600mL	1個
溫度計	100℃	1支

一端抽細的玻璃管	1支（約5公分）
橡皮塞	1個（配合錐形瓶）
鐵架、鐵夾及鐵環	1組
鋁　箔	
天　平	

❖ 實驗步驟

1. 取一個清潔乾燥的125毫升的錐形瓶，選取與錐形瓶口合適的橡皮塞，中間打孔插入上端抽細約5公分長的玻璃管，（抽細部分不可太長，否則蒸氣凝結於孔部份，無法逸出）。以鋁箔包橡皮塞下半部分，可減少其對有機物質的吸附作用。
2. 以天平稱量錐形瓶＋橡皮塞＋玻璃管之總質量到0.001克為止。
3. 向教師領取有機液體3～5毫升，倒入於錐形瓶內。取大小合適的鋁箔一片，中央穿一小孔，將玻璃管由小孔穿出，將鋁箔緊緊密覆橡皮塞及錐形瓶口。
4. 將錐形瓶置於600毫升的盛水燒杯內，如下圖裝置好，調節燒杯內的高度，使杯內水面接近錐形瓶口橡皮塞之底端，以減少誤差。

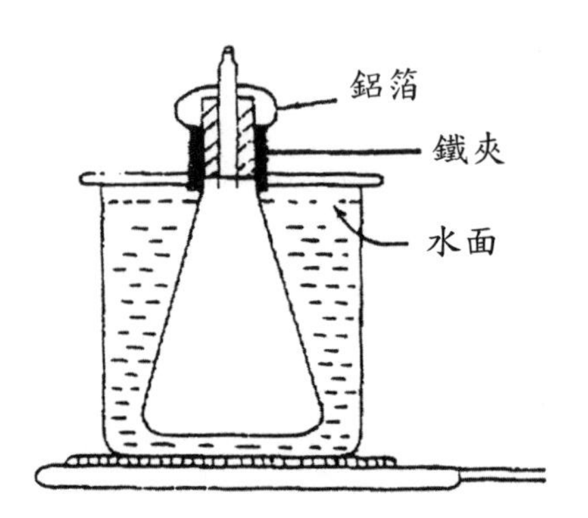

圖2-1　錐形瓶在水浴中加熱

5. 加熱使水沸騰，並注意錐形瓶內液體是否完全蒸發，同時測量水溫。
6. 待液體完全蒸發後[註1]繼續加熱約5分鐘，使錐形瓶內蒸氣與水溫

註1：錐形瓶內的液體是否完全蒸發，可藉玻璃管尖端是否仍有蒸氣排出而知。

相同。記錄當時之水溫及大氣壓力，同時將錐形瓶取出令其自然冷卻。

7. 以吸水紙把鋁箔外面的水吸乾，把鋁箔取去。再把錐形瓶口處及周圍的水吸乾。要特別注意錐形瓶口與塞子接合處，及塞子與玻璃管接合處有沒有痕跡水附著，若有要用吸水紙吸乾。
8. 冷卻至室溫時，稱量錐形瓶的重量。將錐形瓶裝滿水，稱量錐形瓶＋橡皮塞＋玻璃管＋水的總重量。記下水溫，查該溫度下水的密度（註2）。
9. 由氣體方程式計算該液體物質的分子量。若教師認為誤差太大，重新實驗一次。
10. 清洗各項儀器。

❖結果及討論

錐形瓶＋橡皮塞＋玻璃管的重量________________

加熱冷卻後錐形瓶的重量________________

液體的重量________________

沸水溫度________________

大氣壓________________

錐形瓶容積＝蒸氣體積________________

蒸氣質量＝凝結液體質量________________

STP 時蒸氣體積________________

蒸氣分子量________________

❖討論

1. 設稱重時有一滴殘存水滴在鋁箔上，所算出的分子量有何影響？
2. 在本實驗要求整個錐形瓶包括頸部分浸在同樣溫度水浴中。即使忽略頸部可能使蒸氣凝結產生誤差，假設頸部不浸於水浴中，對於計算出的分子量會有什麼影響？

註 2：以水的重量除以水的密度，得水的體積，也就是蒸氣的體積。

實驗三　凝固點下降－測定分子量

❖ 目的

溶質溶解於溶劑成溶液時凝固點會下降，實驗試驗凝固點下降率是否與溶質重量莫耳數成正比，並求該溶質的分子量。

❖ 概論

水在0℃時結冰，但海水在0℃仍不能結冰而在約－2℃時結冰。如此溶液的凝固點較純溶劑的凝固點降低，此現象稱為凝固點下降。圖所示為固體物質的蒸氣壓曲線與該物質液體時蒸氣壓曲線的相交點為該物質的凝固點，也就是固體蒸氣壓等於液體蒸氣壓時的溫度。溶液凝固時只有溶劑結晶，溶質不摻入於結晶晶體中，因此溶液的凝固點為溶液的蒸氣壓曲線與溶劑的固體蒸氣壓曲線相交之點的溫度。

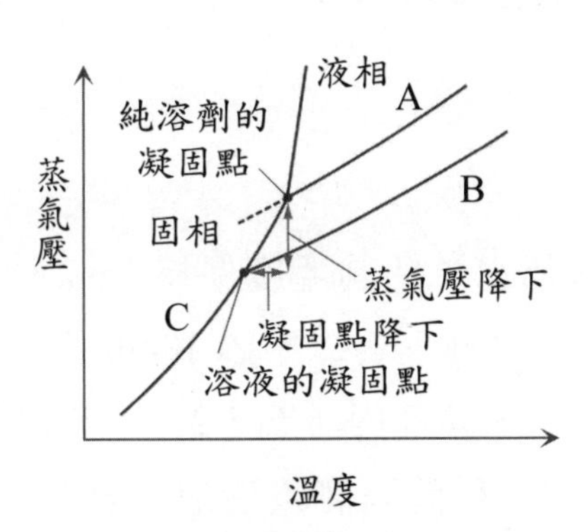

A：純溶劑的蒸氣壓曲線
B：溶液的蒸氣壓曲線
C：純溶劑固體的蒸氣壓曲線

圖 3-1　凝固點下降模式圖

不揮發性而非電解質的溶液凝固點下降度數（ΔT_f）與溶液的重量

莫耳濃度（m）成正比：

$$\Delta T_f = K_f \times m$$

因此，設已知物質的莫耳凝固點下降度數（K_f），時，由測定溶液的凝固點，可求得其分子量。

❖ 藥品

對二甲苯（ρ-xylene）
萘

❖ 器材

精密溫度計（100℃，最小刻度 0.1℃）
試　管（外徑 18mm 與 21mm）
燒　杯（500mL）
冰　塊
熱　水（約 50℃）
天　平（最小刻度 0.01 克）

❖ 實驗步驟

1. 在燒杯中放入冰及水，使其溫度保持 1～2℃。
2. 在外徑 18mm 試管中倒入對二甲苯 10mL 後插入於外徑 21mm 的試管中，輕輕放入於冰水燒杯內（圖 3-2）。將試管內的溫度計緩慢的上下移動攪拌，以 30 秒間隔測量液溫（至少 0.1℃單位），內部凝固成白色混濁狀開始繼續測定 3 分鐘。

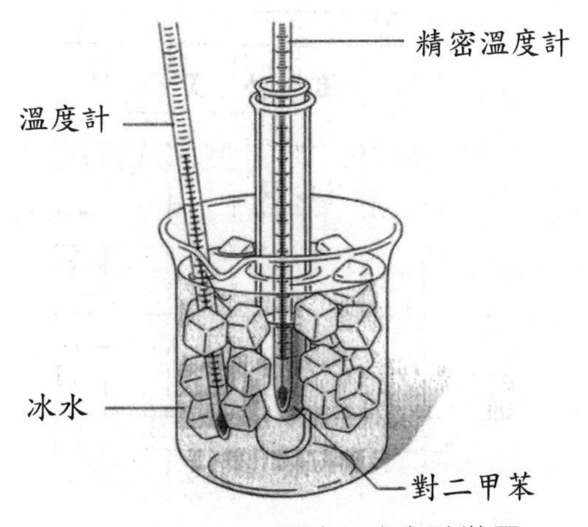

圖 3-2　凝固點下降實驗裝置

3. 完成上述步驟後將試管放在水中，使對二甲苯熔化後加入 0.16 克的萘晶體溶解後做同樣的測定。測定完後再加萘 0.16 克繼續測定。

❖結果及討論

1. 以橫軸代表時間，縱軸代表溫度將測定結果表示於圖 3-3。

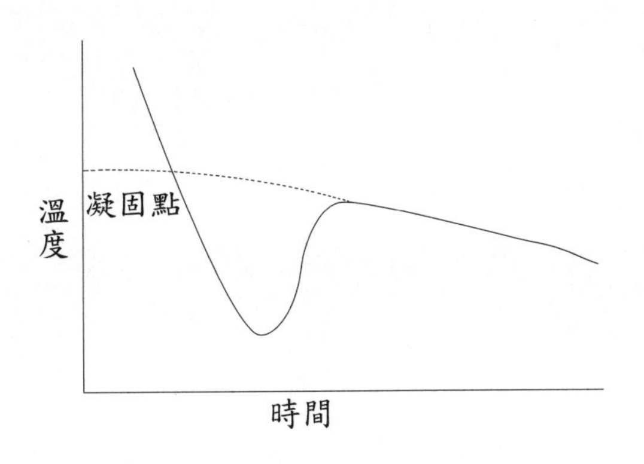

圖 3-3　溫度與時間相關曲線

2. 從所繪的曲線求⑴到⑶的凝固點，凝固點下降的比率有沒有與溶質的重量莫耳濃度成正比？

⑴只對二甲苯時＿＿＿＿＿＿＿＿＿＿＿＿＿＿＿＿＿＿＿＿

⑵溶解 0.16 克萘的溶液＿＿＿＿＿＿＿＿＿＿＿＿＿＿＿＿

⑶溶解 0.32 克萘的溶液＿＿＿＿＿＿＿＿＿＿＿＿＿＿＿＿

3. 對二甲苯的熔點為 13.2℃莫耳凝固點下降常數為 4.3k・kg/mol，從本次測定求對二甲苯的分子量。
4. 如圖 3-3 所示將溶液冷卻時，常遇到較凝固點低的溫度仍保持液體狀態而開始凝固時溫度忽然上升到凝固點附近，為什麼？

註：凝固的只是溶劑，因此溶液進行凝固時溶液的濃度增加。

實驗四　以單分子膜法測定亞佛加厥數

❖目的

使用硬脂酸溶液分散於水面所成的單分子膜，以測量亞佛加厥數

❖概論

將如硬脂酸等高級脂肪酸滴在水面時，如下圖所示親水性的羧基進入於水中，疏水性的烴基出於水面上的空氣中並列成一層緻密的膜，稱為單分子膜。

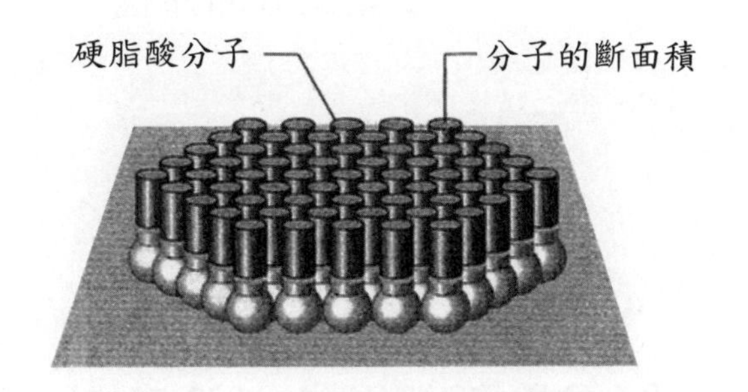

圖 4-1　硬脂酸在水面的單分子膜

設硬脂酸所展開的單分子膜的面積為 S（cm^2），硬脂酸分子的截面積為 Q（cm^2）時，所展開的硬脂酸的分子數為：

$$\frac{S(cm^2)}{Q\ (cm^2/\text{個})}$$

設所滴下硬脂酸的質量為m（g），硬脂酸的分子量為M時，亞佛加厥數 N 為 1 莫耳硬脂酸所含的分子數，因此可成立下式

$$\frac{m}{S/Q}=\frac{M}{N}=1.8\times10^{-5}$$

$$N=\frac{(S/Q)M}{m}$$

❖藥品

硬脂酸
乙　醇
滑石粉

❖器材

量　筒　10mL
量　瓶　100mL
水　槽
天　平
稱量瓶
紗　布
吸　管
方格紙 1mm 單位

❖實驗步驟

1. 乾淨稱量瓶平放入硬脂酸正確稱得 0.032 克的硬脂酸。將硬脂酸移至 100mL 量瓶中，加入乙醇使其溶解並加到 100mL 為止。
2. 以吸管吸取硬脂酸乙醇溶液後將此溶液一滴一滴的滴入於 10mL 量筒中共 20 滴。記錄為多少 mL。同步驟測量三次，從平均值求 1 滴的體積為 vmL。
3. 乾淨水槽中加入水到將要滿。以紗布包滑石粉，輕敲紗布包，使滑石粉撒在水面上（圖 4-2）
4. 使用吸管將硬脂酸乙醇溶液輕輕滴 1 滴於水面上。等到擴展成單分子膜的硬脂酸靜止時，將一張方格紙的反面蓋在其上。

圖 4-2　滑石粉撒在水面

圖 4-3　滴 1 滴硬脂酸的乙醇溶液

5. 單分子膜部分浸透入方格紙後，取上並用鉛筆迅速畫出其展開的範圍曲線，從方格紙的格回讀出其面積 S（cm^2）。

❖結果及討論

1. 從⑴，⑵式求亞佛加厥數，此處使用硬脂酸的截面積 $Q = 2.2 \times 10^{-15}$（cm^2），硬脂酸分子量 M＝284。
2. 所得的亞佛加厥數與理論值比較並考慮誤差的原因。

實驗五　反應熱與赫士定律

❖目的

從溶解反應與中和反應的溫度變化實驗來確認赫士定律。

❖概論

物質的變化無論是物理變化或化學變化，都有熱量的進出。在化學反應時出入的熱，稱為反應熱。1840年瑞士的赫士測定多數反應的反應熱提出：不問反應的過程如何，化學反應的反應熱決定於反應前的狀態及反應後的狀態，此一規律性稱為赫士定律。根據赫士定律，熱化學反應式能夠彼此加減，如有無法直接測量的反應熱，能夠以計算方式間接求得。

根據赫士定律，物質反應時的熱量總和由反應開始時與反應終了時的狀態決定，而與反應的途徑無關。因此氫氧化鈉固體溶解於水，再與鹽酸中和的反應熱，是否與氫氧化鈉固體直接放入鹽酸而起中和的反應熱相等，由本實驗來確認。

❖藥品

1.0mol/L　鹽酸

1.0mol/L　氫氧化鈉溶液

氫氧化鈉（粒狀）

❖器材

聚苯乙烯杯（200mL）附蓋

溫度計

燒杯、量筒、天平

❖ 實驗步驟

1. 溶解熱測定

⑴如圖 5-1 的聚苯乙烯杯中加入清水 50mL 並測量水溫。

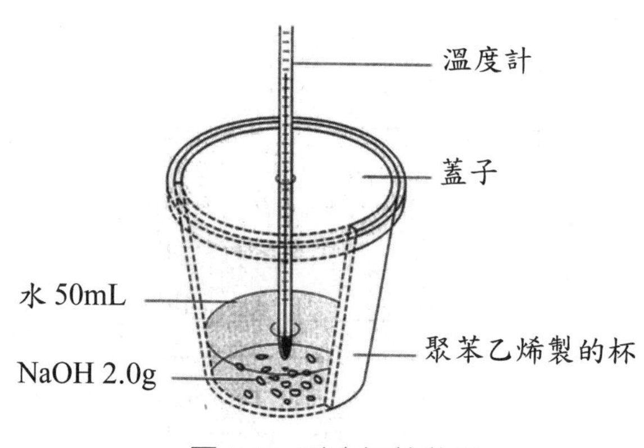

圖 5-1　測溶解熱裝置

⑵盡快稱取 2.0g 的粒狀氫氧化鈉放入裝水的聚苯乙烯杯中。

⑶攪拌溶解氫氧化鈉，測量可達到的最高溫度到 0.1℃ 單位並記錄之。測量完後將聚苯乙烯內的溶液倒入燒杯中冷卻。

2. 中和熱的測定

⑷另一聚苯乙烯杯中放入 1.0 mol/L 的鹽酸 50mL，測量其溫度。

⑸實驗步驟⑶的溶液冷卻到與⑷同溫度時，加入於⑷的鹽酸溶液中。

⑹攪拌混合溶液並測量達到的最高溫度。

3. 中和熱與溶解之和

⑺量筒中加 50mL 的 1.0 mol/L 的鹽酸並加水 50mL，稀釋成 100mL 的鹽酸溶液。

⑻將此鹽酸溶液倒入聚苯乙烯杯中，測量其溫度。

⑼稱取氫氧化鈉 2.0g 放入於⑻的鹽酸溶液中，攪拌溶液使其溶解並測量達到最高溫度。

❖結果及討論

1. 從實驗 1 到 3 的測定結果求各溫度變化 Δt，以水溶液的比熱 4.18（J/g・k）來求各反應所發生的熱量 q(J)。水溶液的比熱為 c(J/g・k)，質量 m(g)時，

$$q(J) = c \times m \times \Delta t$$

實驗	反應前溫度	反應後溫度	溫度變化	發熱量 q
一				
二				
三				

2. 從 1 求各實驗的反應熱 Q（KJ/mol）並以熱化學反應式表示。
3. 以圖表示實驗一～三反應熱的關係，以確認實驗目的是否達到。

❖實驗注意事項

1. 氫氧化鈉為強鹼，絕對不能用手指取它。要注意不能使氫氧化鈉固體或水溶液接觸眼睛、皮膚或衣類。萬一接觸時立刻用大量水沖洗後請教師處理。
2. 要使用刻度 0.1℃ 的較精密的溫度計。
3. 步驟⑵氫氧化鈉具潮解性，使用直前用錶玻璃盡速稱取 2.0g。（使用玻棒或鑷子不能用手）
4. ⑶使氫氧化鈉較快溶解，一面攪拌一面輕輕搖聚苯乙烯杯，讀取最高水溫的溫度。
5. 放在燒杯冷卻的步驟 1 的液溫與 1.0mol/L 鹽酸的液溫要相同。如果不相同時使用 $\frac{\text{鹽酸液溫} + (\text{步驟 1})\text{的液溫}}{2}$ 的平均溫度亦可。
6. 實驗步驟⑻使用另一個聚苯乙烯杯或將實驗二的液體倒出後，洗過的聚乙烯杯亦可用。

❖結果及討論（例）

1. 實驗結果的參考例為：

實驗	反應前溫度（℃）	反應後溫度（℃）	溫度變化（K）	發熱量 q(J)
一	20.2	30.3	10.1	2.11×10^3
二	20.4	27.1	6.7	2.80×10^3
三	20.7	32.2	11.5	4.81×10^3

計算發熱量的方法

$$q_1 = 4.18 \times 50 \times 10.1 = 2.11 \times 10^3 (J)$$
$$q_2 = 4.18 \times 100 \times 6.7 = 2.80 \times 10^3 (J)$$
$$q_3 = 4.18 \times 100 \times 11.5 = 4.81 \times 10^3 (J)$$

2. 計算反應熱

$$Q_1 = 2.11 \times \frac{10^3}{1000} \times \frac{40.0}{2.0} = 42.2KJ$$
$$Q_2 = 2.80 \times \frac{10^3}{1000} \times \frac{40.0}{2.0} = 56.0KJ$$
$$Q_3 = 4.81 \times \frac{10^3}{1000} \times \frac{40.0}{2.0} = 96.2KJ$$
$$NaOH_{(q)} + aq \rightarrow NaOH_{(aq)} + 42.2KJ$$
$$NaOH_{(aq)} + HCl_{(aq)} \rightarrow NaCl_{(aq)} + H_2O + 56.0KJ$$
$$NaOH_{(s)} + HCl_{(aq)} \rightarrow NaCl_{(aq)} + H_2O + 96.2KJ$$

3. 反應熱的關係

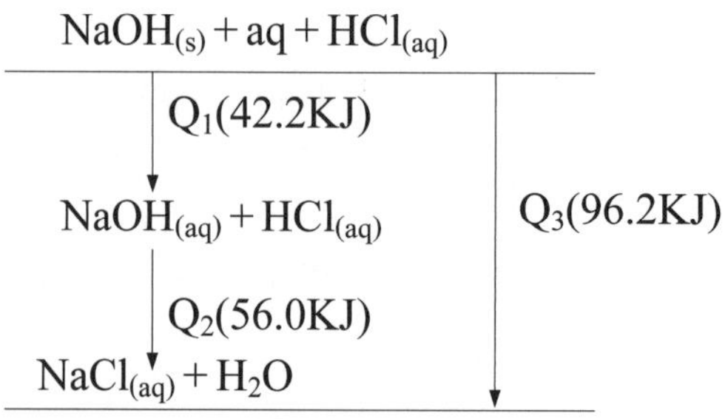

$NaOH_{(s)} + aq + HCl_{(aq)}$

$Q_1(42.2KJ)$

$NaOH_{(aq)} + HCl_{(aq)}$　　　$Q_3(96.2KJ)$

$Q_2(56.0KJ)$

$NaCl_{(aq)} + H_2O$

Q_1+Q_2 為 $42.2+56.0=98.2$KJ 接近於 Q_3 的 96.2KJ 值，因此 $Q_1+Q_2=Q_3$ 可成立而確認赫士定律。

4. 所得的數值與文獻的氫氧化鈉溶解熱 44.5KJ/mol，中和熱 56.5KJ/mol，很接近。

實驗六　焓、熵和自由能

❖目的

從熱化學測量及電化學測量求焓、熵和自由能

❖概論

一物質的熱含量稱為焓（enthalpy, H）。在一化學反應，由生成物的焓與反應物焓之差，可決定該反應為吸熱或放熱反應。

$$\Delta H = \Sigma_{H\,生成物} - \Sigma_{H\,反應物}$$

此時的ΔH 稱為焓變，即為恆壓時的反應熱。

分子亂度的量度為熵（entropy, S）。熵的概念為克勞休（Clausius）所導入，他以溫度 T(K)氣體從周圍吸收熱而增加能量ΔQ(J)時，此氣體的熵增加ΔQ/T，熵變ΔS 為：

$$\Delta S = \Delta Q/T$$

吉布士（Gibbs）將焓與熵併在一起考慮，隨狀態改變或化學反應所改變的量定義為下式

$$\Delta G = \Delta H - T\Delta S$$

G 為吉布士的自由能（Gibbs free energy），ΔG 為吉布士自由能變量（Gibbs free energy change），ΔS 為狀態變化或化學反應的熵變，H 為焓也就是物質的熱含量，ΔH 為焓變也就是反應熱。

由熱力學上的定義

$$G = H - TS$$

$$H = E + PV$$

$$E = q + w$$

$$\text{可知}\quad dG = dH - TdS - SdT$$
$$= dE + PdV + VdP - TdS - SdT$$
$$= dQ + dW + PdV + VdP - TdS - SdT$$

在定溫定壓時 $VdP = 0$，$SdT = 0$

$$dW = -PdV + W_{ele}\text{（電功）}$$

可逆過程中，$dq = TdS$ 代入上式中得

$$dG = W_{ele} \cdots\cdots (1)$$

由(1)式可知自由能變量（ΔG）等於對物系所做的電功（W_{ele}）。

電功＝電量 × 電動勢

如果電動勢為正值（$\Delta E > 0$），物系對外作功，則功為負值（$W < 0$）。反之，如電動勢為負值（$\Delta E < 0$），外力對物系作功，則功為正值（$W > 0$）。因此，$W_{ele} = -nF\Delta E$

此處n為電子的莫耳數，F為一莫耳電子的帶電量，於是(1)式成為：

$$\Delta G = -nF\Delta E \cdots\cdots (2)$$

若測得反應物系的ΔE，即可求得ΔG。

本實驗利用化學電池中 $Zn_{(s)}$ 與 $Cu^{2+}_{(aq)}$ 的反應

$$Zn_{(s)} + Cu^{2+}_{(aq)} \rightleftharpoons Zn^{2+}_{(aq)} + Cu_{(s)}$$

從定壓時的反應熱（ΔH）及反應的電動勢ΔE 算也ΔG，然後由

$$\Delta G = \Delta H - T\Delta S \cdots\cdots (3)$$

的關係求得ΔS。

❖ 藥品

硫酸溶液	3M (sulfuric acid, H_2SO_4)	40mL
鋅　粉	（zinc dust, Zn）	2.5g
硫酸銅溶液	0.25M(cupric sulfate, $CuSO_4$)	400mL

丙　　酮（acetone, CH_3COCH_3）　　10mL

❖器材

丹尼耳電池（實驗化學電池的組成與電壓使用的）
量熱器（calorimeter）　　1支
溫度計（110℃）　　1支
天　平
量　筒　50mL
燒　杯　100mL
漏斗及漏斗架
玻　棒
本生燈
濾　紙

❖實驗步驟

1. 測定卡計的熱含量

(1)以量筒取80mL的溫水（溫度約為室溫上6度左右）放在卡計使水與卡計達到熱平衡，記錄其溫度為初溫（T_1）。

(2)以吸水紙舖於稱量瓶（或燒杯）下面，取冰塊約10～15克放入於稱量瓶，冰上覆紙筒，稱其重量為W_1（讀三位有效數字）

(3)立即將冰塊投入卡計，蓋好卡計的蓋並急速攪拌，連續觀察溫度的變化，記錄出現的最低溫為終溫（T_2）。

(4)將盛有吸水紙的稱量瓶重量稱為W_2，
卡計熱含量的計算為：

$$80\,(W_1 - W_2) + (W_1 - W_2)(T_2 - 0℃)$$
$$= (C_{卡計} + 80)(T_1 - T_2)$$

(5)將卡計以水洗淨並拭乾，重覆上述實驗一次，取兩次之平均值作為卡計的熱含量。

2. 測定 $Zn - Cu^{2+}$ 反應的 ΔH

⑴取配好的0.25M硫酸銅溶液200mL放入卡計內，攪拌到熱平衡，記錄溫度為初溫。

⑵稱取鋅粉（註一）2.5克，加入卡計內並立即蓋上卡計的蓋。急速攪拌並連續觀察溫度的變化，每兩秒讀記一次溫度到溫度停止上升後，每隔一分鐘讀記一次連續記錄五分鐘。

⑶使所產生的銅沉降到底部，傾倒上方液體並棄去。

⑷用水清洗生成的銅數次，每次用水10mL，至洗水不再呈現水合銅離子的藍色為止。將析出的銅移至50mL小燒杯中，加入10mL 3M硫酸溶液攪拌約五分鐘，溶去未作用的鋅粉。靜置使銅沉降，傾去上方的酸液。

⑸用25mL蒸餾水洗滌純銅至少六次，過濾後用少量丙酮沖洗，乾燥後稱其重量為 W_{Cu}。

⑹重複上項實驗一次求平均值。

3. 電化學測量（註二）

在教師示範臺上裝置丹尼耳電池即

$$Zn|1MZnSO_{4(aq)}||1MCuSO_{4(aq)}|Cu$$

接通電路，讀出伏特計的讀數而記錄下來用以求鋅粉與 Cu^{2+} 作用的自由能變量 ΔG。

〔註一〕鋅粉必須純化，純化的步驟如下：

1.取鋅粉15克放入於10%氫氧化鈉溶液中，攪拌10分鐘。

2.靜置待鋅粉沈降後，傾去上澄液並加入100mL 60℃的熱水，攪拌5分鐘以洗去氫氧化鈉溶液。

3.重複操作一次。

4.以100mL冷水清洗。

5.以100mL丙酮清洗兩次。

6.利用抽氣過濾後再以100mL丙酮洗濾紙上的鋅後移進真空乾燥器乾燥。

7.取出後裝在瓶內，封入氮氣保存。

〔註二〕ΔE 若不測量，可直接依文獻值來使用。

$\Delta E = 1.10volt$

❖結果及討論

1. 熱化學測量

(1)卡計的熱容量（$C_{卡計}$）＝＿＿＿＿＿＿

(2)卡計中 $CuSO_{4(aq)}$ 溶液溫度計錄

第一次　1.＿＿　2.＿＿　3.＿＿　4.＿＿　5.＿＿

6.＿＿　7.＿＿　8.＿＿　9.＿＿　10.＿＿

第二次　1.＿＿　2.＿＿　3.＿＿　4.＿＿　5.＿＿

6.＿＿　7.＿＿　8.＿＿　9.＿＿　10.＿＿

初溫：第一次＿＿＿＿＿＿

第二次＿＿＿＿＿＿

(3) $CuSO_{4(aq)}$ 溶液中加入鋅粉後的溫度

第一次：初每隔兩秒

1.＿＿　2.＿＿　3.＿＿　4.＿＿　5.＿＿

6.＿＿　7.＿＿　8.＿＿

繼每隔一分鐘

1.＿＿　2.＿＿　3.＿＿　4.＿＿　5.＿＿

6.＿＿　7.＿＿　8.＿＿　9.＿＿　10.＿＿

11.＿＿　12.＿＿　13.＿＿　14.＿＿　15.＿＿

第二次：初每隔兩秒

1.＿＿　2.＿＿　3.＿＿　4.＿＿　5.＿＿

6.＿＿　7.＿＿　8.＿＿

繼每隔一分鐘

1.＿＿　2.＿＿　3.＿＿　4.＿＿　5.＿＿

6.＿＿　7.＿＿　8.＿＿　9.＿＿　10.＿＿

11.＿＿　12.＿＿　13.＿＿　14.＿＿　15.＿＿

作溫度－時間內相關曲線圖，求出 ΔT（終溫－初溫）

反應溫度：第一次＿＿＿＿＿＿＿＿

第二次＿＿＿＿＿＿＿＿

(4)反應使溫度升高ΔT：第一次＿＿＿＿＿＿＿＿

第二次＿＿＿＿＿＿＿＿

反應混合物的密度設為1.08克／毫升，熱容量設為0.92卡／克・度，反應混合物200毫升，

$$Q = -(200\text{毫升} \times 1.08\frac{\text{克}}{\text{毫升}} \times 0.92\frac{\text{卡}}{\text{克・度}} + C_{\text{卡計}})\Delta T$$

第一次 $Q_1=$＿＿＿＿＿＿＿＿

第二次 $Q_2=$＿＿＿＿＿＿＿＿

(5)銅重量

第一次 $w_1=$＿＿＿＿＿＿＿＿　第二次 $w_2=$＿＿＿＿＿＿＿＿

銅的莫耳數 $m_1=$＿＿＿＿＿＿＿＿　$m_2=$＿＿＿＿＿＿＿＿

（亦即為反應物鋅的莫耳數）

(6) $\Delta H = \frac{Q}{\text{莫耳數}}$

第一次 $\Delta H_1 = \frac{Q_1}{m_1} =$＿＿＿＿＿＿＿＿

第二次 $\Delta H_2 = \frac{Q_2}{m_2} =$＿＿＿＿＿＿＿＿

$\Delta H =$＿＿＿＿＿＿ ± ＿＿＿＿＿＿

2. 電化學測量

$\Delta E =$＿＿＿＿＿＿＿＿

$\Delta G = -nF\Delta E = \frac{-2 \times 96500 \times \Delta E}{4.18}$卡（用卡數計）

$=$＿＿＿＿＿＿＿＿

3. 計算ΔS值

溫度 $T=$＿＿＿＿＿＿＿＿

$\Delta G = \Delta H - T\Delta S$

$\Delta S = \frac{\Delta H - \Delta G}{T}$

第一次＿＿＿＿＿＿＿＿

第二次＿＿＿＿＿＿＿＿

4. 測量熱時可能發生錯誤處在哪裡？

5. 加 $H_2SO_{4(aq)}$ 於銅鋅混合物中，為什麼可除去鋅？

6. 所得的銅，如果洗滌不淨，可能有什麼雜質？

7. 你求得的 ΔS 是正值或負值？代表什麼意義？

實驗七　氣體反應定律

❖目的

從氣體的製備、收集及由一容器轉移到另一容器的實驗，證明同溫同壓時，氣體與氣體反應而生成物也是氣體即在各氣體體積間成簡單的整數比。

❖概論

加熱氯酸鉀可得氧氣，氯化亞鐵溶液與亞硝酸鈉溶液反應生成一氧化氮。

一氧化氮與氧反應生成紅棕色和二氧化氮，此反應不需要活化能，在常溫常壓時快速進行。本實驗以排水集氣法分別收集等體積的氧和一氧化氮後，把氧緩緩注入於一氧化氮的容器中，一氧化氮與氧反應生成可溶於水的二氧化氮。反應完成後測量容器中所剩餘氣體的體積，檢測剩餘氣體是不是氧，最後計算一氧化氮與氧的反應體積比。

$$2NO_{(g)} + O_{2(g)} \rightarrow 2NO_{2(g)}$$

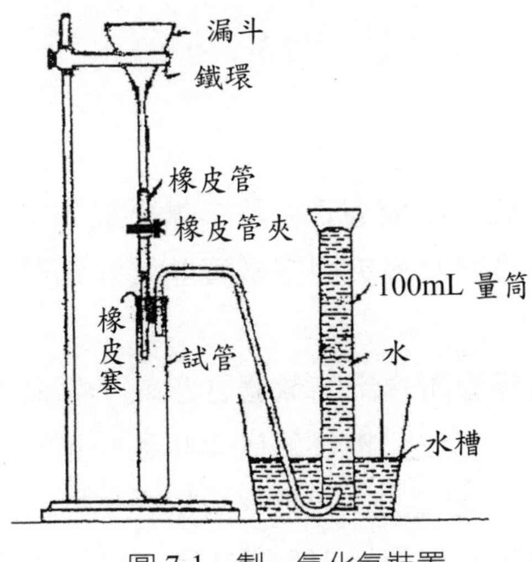

圖 7-1　製一氧化氮裝置

❖藥品

氯酸鉀（$KClO_3$）	3g
二氧化錳（MnO_2）	1g
25%氯化亞鐵溶液（$FeCl_2$）	10mL
25%亞硝酸鈉溶液（$NaNO_2$）	10mL

❖器材

大試管	2支
大試管	1支
100mL量筒	4支
漏　斗	1
大水槽	1
橡皮塞	2（配合大試管使用）
橡皮管	
玻璃管	
鐵架、鐵夾及鐵環	
本生燈或酒精燈	

❖實驗步驟

1. 氧之製備

⑴在大試管中放入氯酸鉀3克及二氧化錳1克，搖動試管使兩者混合均勻，以鐵架及鐵夾固定試管並裝好氣體導管後加熱試管以製備氧。

⑵開始加熱時導管所逸出的氣體含空氣，等氣泡在水中排出相當量後，以排水集氣法收集氧氣於100毫升量筒內剛好100毫升，若不能使其剛好100毫升，可以稍微超過一些，但不能不到100毫升。

⑶若量筒內收集的氧超過100毫升時，可將量筒稍稍提起，使量筒

底口接近大水槽的水面，將一支小試管的閉口一端插入量筒內，慢慢把量筒內的氧氣趕出到量筒內的氧為 100 毫升為止。以鐵夾固定倒立的量筒，不要使氧氣逸出。

2. 一氧化氮的製備

⑴準備如圖所示的製備一氧化氮裝置。以橡皮管連接漏斗及大試管。

⑵取氯化亞鐵溶液 10 毫升於大試管，加水 10 毫升稀釋。在漏斗中放入亞硝酸鈉溶液10毫升。以拇指與食指擠壓橡皮管夾，使亞硝酸鈉溶液一滴一滴的滴入於氯化亞鐵溶液中（注意：不要滴的太快，否則反應劇烈而產生氣體太多起突沸或爆炸現象）。每滴一滴後搖動試管，至試管內溶液上方氣體從紅棕色到無色為止，此時試管內已無氧氣存在。

⑶繼續滴加亞硝酸鈉溶液，以排水集氣法各收集一氧化氮氣體 100 毫升於兩支量筒中。若超過100毫升時以步驟1之⑶同法處理。

⑷收集一氧化氮完畢，若一氧化氮繼續產生可用集氣瓶以排水集氣法收集後，以量筒或燒杯裝滿空氣注入集氣瓶使一氧化氮氧化為可溶於水的二氧化氮，以免一氧化氮直接排入大氣中造成空氣污染。

3. 一氧化氮與氧的反應

⑴在水槽中，使一支裝一氧化氮的量筒直立，取一支裝氧的量筒輕輕傾斜使量筒口移近裝一氧化氮的量筒口的下方。

⑵將裝氧的量筒傾斜逐漸加大，使氧氧慢慢移轉到一氧化氮的量筒內。氧與一氧化氮反應生成紅棕色的二氧化氮氣體，二氧化氮易溶於水中，因此在反應進行中一氧化氮量筒內的氣體體積逐漸減少。

⑶繼續將氧氣移轉到另一氧化氮量筒內到氧氣完全移入為止。這操作須很細心，不要使氧氣有任何損失。

⑷保持量筒口在水面下，以手掌緊壓量筒口將量筒取出水面上。劇烈搖動量筒使其中可溶性氣體都溶於其中的水後，保持倒立的此一量筒放回水槽中，調節量筒內的水面相等，記錄量筒內氣體的體積。

(5)取出量筒以火柴餘燼試驗量筒內的氣體。

4. 以同樣步驟試驟第 2 支各裝氧及一氧化氮的量筒。

❖結果及討論

實驗數據

	第一次	第二次
反應前量筒內的一氧化氮	______毫升	______毫升
反應前量筒內的氧	______毫升	______毫升
反應後剩餘氣體的體積	______毫升	______毫升
反應後剩餘氣體是	______氣	______氣
反應中一氧化氮消耗的體積	______毫升	______毫升
反應中氧氣消耗之體積	______毫升	______毫升
反應的體積比（NO：O_2）為	_____比_____	_____比_____

❖ 問題與討論

(1)寫出下列各平衡反應式

(a)加熱氯酸鉀與二氧化錳製氧

(b)氯化亞鐵與亞硝酸鈉製一氧化氮

(2)若在空氣尚未排完之前收集氧氣，對本實驗結果將產生何種影響？

(3)簡述本實驗的主要誤差來源。

實驗八　溶解平衡與平衡的移動

❖目的

探究濃度或溫度如何影響氯化鈉與氯化鉛的溶解平衡。

❖概論

沈澱的生成和溶解是一種常見的化學平衡。在溶解平衡中溫度與濃度是影響溶解平衡的要素外，難溶性電解質在水中的溶解度常因共同離子的存在而溶解度降低的現象，稱為同離子效應。本實驗在氯化鈉與氯化鉛溶液的溶解平衡裡探究濃度或溫度如何影響的情況。

❖藥品

0.1mol/L　氯化鈉溶液　　0.1mol/L　碘化鉀溶液
0.1mol/L　硫化鈉溶液
濃鹽酸、濃硫酸、金屬鈉、氯化鉛（II）

❖器材

試管、試管架、滴管、鑷子、量筒、天平

❖實驗步驟

1. 氯化鈉的溶解平衡

⑴在試管中加入 20mL 的水後加入約 8g 的氯化鈉並激烈搖動試管溶解氯化鈉。將所得飽和氯化鈉溶液各 8mL 移到 A 與 B 的另兩支試管中。

⑵將米粒大的金屬鈉以鑷子夾住後，如圖 8-1 所示放入 A 試管中，觀察所發生的現象。

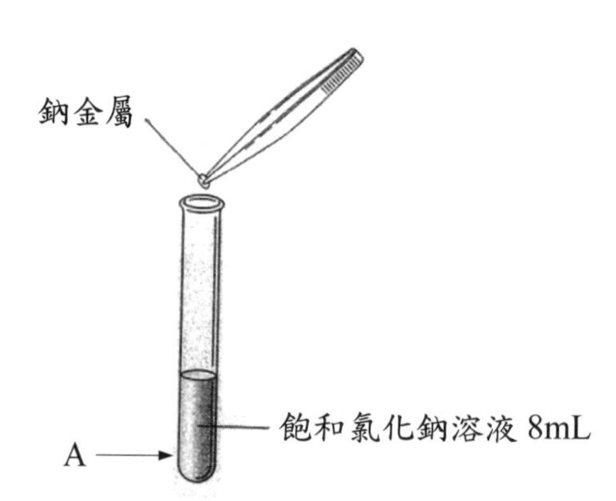

圖 8-1　鈉與飽和氯化鈉溶液的反應

⑶如圖 8-2 所示，在另一試管中放入 1mL 濃鹽酸，加入數滴濃硫酸後以乾燥的滴管吸取所產生的氯化氫氣體。（注意在空氣流通處進行，避免吸入氯化氫氣體，試管要以橡皮塞塞住）。
將滴管內的氯化氫氣體吹進試管 B 的液面數次，觀察所產生的變化後，進一步將 1 滴濃鹽酸自試管 B 的內壁導入液內並觀察所產生的變化。

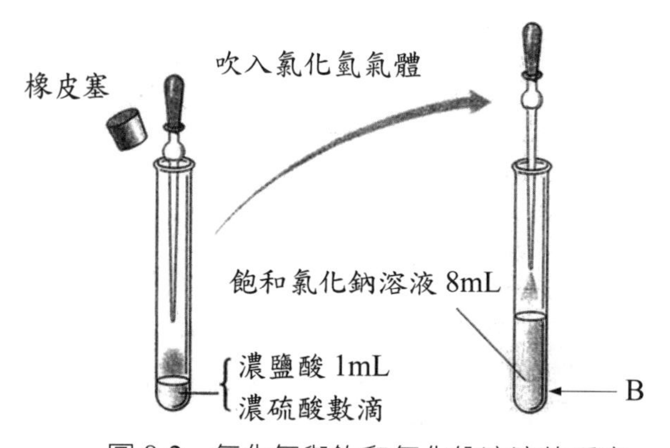

圖 8-2　氯化氫與飽和氯化鈉溶液的反應

2. 氯化鉛（Ⅱ）的溶解平衡

⑴在試管中放入 0.1g 的氯化鉛（Ⅱ），加入 5mL 的水，搖動試管使其溶解，不完全溶解時可用溫火加熱使其完全溶解。

⑵將此試管放在試管架上，在空氣中慢慢冷卻觀察所起的變化，再用弱火加熱。

⑶再一次於空氣中冷卻後，加水 10mL 後搖動後，將上澄液分別倒入三支試管後分別加入2～3滴的氯化鈉溶液、碘化鉀溶液及硫化鈉溶液後，觀察所發生的變化。

❖結果與討論

1. 步驟1之⑵，⑶所生成的晶體是什麼？在溶液中形成怎樣的平衡？以離子反應式表示。
2. 氯化鉛（Ⅱ）的溶解平衡以離子反應式表示。從步驟2之⑵的結果，水對氯化鉛（Ⅱ）的溶解為放熱反應或吸熱反應？
3. 步驟2之⑶加入氯化鈉溶液時所生成的物質是什麼？加氯化鈉對溶解平衡有什麼影響？
4. 步驟2之⑶加入碘化鉀溶液，硫化鈉溶液時所生成的物質各為是什麼，此時所起的變化以平衡的移動的觀點來考察。

❖實驗注意事項

1. 步驟1之⑴激烈搖動試管，以橡皮塞塞住試管後搖動。
2. 步驟1之⑵的鈉金屬表面如有黃土色的氧化皮膜時，以鑷子夾住刷去皮膜後切開成米粒大，以濾紙擦去汽油後放入試管中，溶液上層部份會生成白色混濁狀態而不生成晶體。
3. 步驟1之⑶加入濃硫酸後以橡皮塞塞住試管口放置約1分鐘，以乾燥滴管壓扁滴管的橡皮球後，插入試管中吸取氯化氫氣體。
4. 使滴管口在試管液面上約1公分處，將滴管內的氣體慢慢擠出，此時的變化很容易觀察，在溶液中產生立方晶系的晶體。
5. 一滴濃鹽酸順試管壁導入時，生成多數晶體如粉狀雪降下一樣。
6. 步驟2之⑴所用氯化鉛（Ⅱ），如預先以研缽研磨成粉狀溶解的時間會縮短，超過0.1g時可能不完全溶解，因此使用量不超過0.1g。
7. 加熱試管時將試管搖動而轉動於火源上以避免突沸的現象。

8. 步驟 2 之⑵冷卻所需時間很長時，可將試管插入燒杯的水中，一面搖動冷卻到手持試管的溫度。
9. 步驟 2 之⑶搖動而滴下溶液時可能變化不顯明，放在試管架上，以靜止狀態進行滴下溶液。

❖結果及討論（例）

1. 步驟 1 之⑵，⑶所生成的晶體都是氯化鈉而成立

$$NaCl \rightleftharpoons Na^{+} + Cl^{-}$$

的平衡，於⑵加金屬鈉時發生氫氣及 NaOH

$$2Na + 2H_2O \rightleftharpoons 2NaOH + H_2$$

溶液中Na^{+}增加，因NaCl的溶解平衡向左移動，在溶液中生成微粉末的氯化鈉而白色混濁。

⑶吹入氯化氫氣體時Cl^{-}增加，平衡向左移動並析出NaCl的晶體，為立方晶系的晶體而發出閃光，加入濃鹽酸時生成多數NaCl晶體如粉末狀雪降下。

2. 氯化鈉（Ⅱ）的溶解平衡式為：

$$PbCl_2 \rightleftharpoons Pb^{2+} + 2Cl^{-}$$

步驟 2 之⑵冷卻時平衡向左移動而析出$PbCl_2$晶體，加熱時平衡向右移動使 $PbCl_2$ 晶體再溶解，因此可知溶解反應的 $PbCl_{2(s)} + aq \rightleftharpoons PbCl_{2(aq)}$ 為吸熱反應。

3. 步驟 2 之⑶加氯化鈉溶液時所生成的物質為氯化鉛（Ⅱ），加 NaCl 時，溶液中的 Cl^{-}增加，因此平衡向左移動並析出氯化鉛（Ⅱ）的晶體。
4. 步驟 2 之⑶加碘化鉀溶液時，生成 PbI_2 黃色沉澱，加入硫化鈉溶液時，生成 PbS 的黑色沉澱。

$$PbI_2 \rightleftharpoons Pb^{2+} + 2I^{-}$$

$$PbS \rightleftharpoons Pb^{2+} + S^{2-}$$

碘化鉛（Ⅱ）及硫化鉛（Ⅱ）的溶解度較氯化鉛溶解度小很多，溶液中的Pb^{2+}被I^-或S^{2-}消耗而使$PbCl_2 \rightleftharpoons Pb^{2+} + 2Cl^-$的平衡向右移動，生成$PbI_2$及$PbS$的沉澱。

實驗九　藍色硫酸銅晶體所含的結晶水

❖目的

由實驗決定藍色硫酸銅晶体所含的結晶水

❖概論

純粹的硫酸銅是無色的粉末，但由水溶液結晶而得的為五水合硫酸銅（$CuSO_4 \cdot 5H_2O$）的藍色晶體，俗稱膽礬。無水硫酸銅易吸收水分變藍色，因此可用於檢驗試樣中是否含有水分。

本實驗使用藍色硫酸銅晶體放入試管中加熱，晶體消失顏色同時試管內壁附有小水滴。這現象可視為藍色硫酸銅因加熱而被破壞而產生水蒸氣。進一步將失色的硫酸銅粉末投入於放清水的燒杯時，成藍色的硫酸銅溶液。

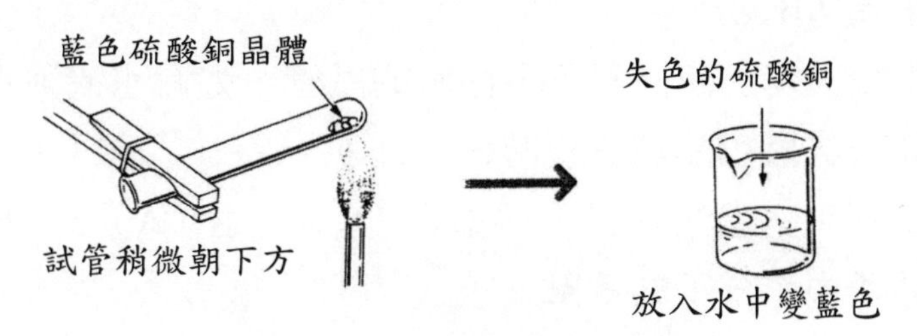

圖 9-1　加熱藍色硫酸銅晶體

硫酸銅晶體或其水溶液呈藍色是因有水分子存在之故，因此設法求藍色硫酸銅晶體所含水分子數。

❖藥品

硫酸銅晶體
蒸餾水

❖ 器材

試管及試管夾
燒　杯
分析天平
本生燈

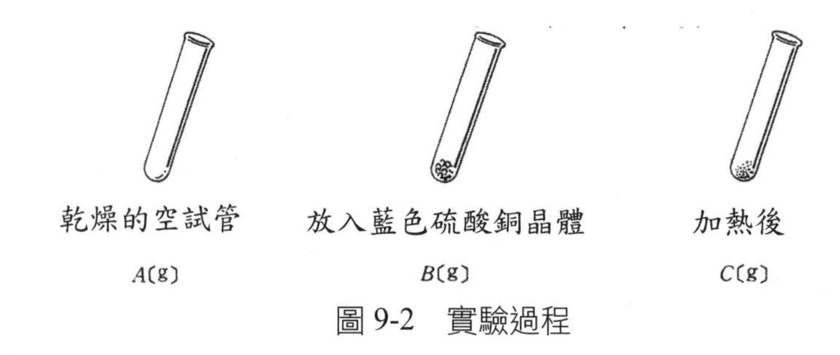

圖 9-2　實驗過程

❖ 實驗步驟

1. 仔細稱量乾淨的試管重（A），將藍色硫酸銅晶體放入此試管中並稱其重為（B）。
2. 以本生燈火焰加熱向斜下方傾斜的試管。如有水滴附在試管壁時加熱可除去。藍色晶體失色時停止加熱。
3. 冷卻試管到室溫後在天平稱重為（C）。由（A），（B），（C）可求得晶體中水分子的重量。

晶體的重量（B）－（A）定為a
晶體所含水分子重（B）－（C）定為b

4. 改變藍色硫酸銅質量重新從事步驟1～3。求 a，b 值，量出a與b的相關曲線。如附圖所示 a，b 相關曲線為直線而其斜率（傾斜度）為 0.357，由此可知晶體中以一定比率

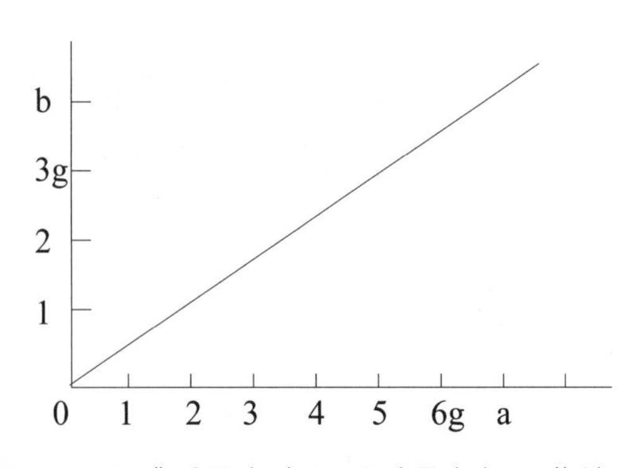

圖 9-3　晶體重量與水分子重量之相關曲線

含水分子。

5. 設藍色硫酸銅晶體的化學式為 $CuSO_4 \cdot nH_2O$ 時，晶體的化學式量為 $159.5+18.0n$，直線的斜率 $\frac{b}{a}$ 以化學式量表示時

$$\frac{b}{a}=\frac{18.0n}{159.5+18.0n}=0.375$$

$$n=4.92 \fallingdotseq 5$$

因此藍色硫酸銅晶體含 5 分子的水，其化學式為 $CuSO_4 \cdot 5H_2O$ 即五水合硫酸銅。

❖結果及討論

1. 至少從事步驟 1～3 的實驗，記錄於下表

實驗號碼	1	2	3	4	5
空試管重（A）					
試管加晶體重（B）					
加熱後試管重（C）					
晶體重（B）－（A）即 a					
晶體內水重（B）－（C）即 b					

2. 所得各實驗的 a，b 值畫出相關曲線。並求出斜率 b/a。
3. 由所得的斜率及化學式量計算藍色硫酸銅晶體的水分子數，寫出硫酸銅晶體的化學式。
4. 仔細深究實驗結果的化學式與 $CuSO_4 \cdot 5H_2O$ 有差異的原因。

b

a

❖實驗注意事項

1. 藍色硫酸銅晶體在試管中加熱時，試管內壁有水滴附上。在局部（尤其是試管底部分）加熱，水滴會附在管口或較上端的管壁附

著。因此設法以試管各部分的全體加熱時較容易除去水分。加熱試管時試管管口要稍微傾斜下方，如此才會避免產生的水滴逆流到晶體。

2. 加熱到藍色晶體失去顏色時停止加熱。如果使用的晶體太大時，很難判斷何時失色，因此最好使用適當大小的晶體。
3. 加熱後稱量時應冷卻到室溫後才進行。加熱後的試管如用乾淨棉花塞住管口或放置於玻璃乾燥器內放冷時可避免空氣中所含的水蒸氣與乾燥晶體接觸。
4. 從晶體完全除去結晶水為相當困難的，無論如何仍有少量的水留在晶體，因此產生實驗誤差。

實驗十　再結晶法精製固體

❖目的

使用再結晶法精製含有雜質的固體物質，測熔點確認純度變高。

❖概論

不同物質在同一溶劑中的溶解度不同，因此可選擇適當溶劑將易溶物與雜溶物分離。溶質在溶劑中的溶解度常因溫度之不同的改變，但溶解度隨溫度變化的程度往往因溶質之不同而異，因此在高溫時溶解度大大增多的物質，若與溶解度隨溫度的改變甚微的物質混合，則可利用能加熱至沸點的溶劑來分離。含雜質的固體溶於溶劑後加熱，使溶液溫度下降，溶質溶解度減小逐漸析出晶體可排除雜質，可得純淨的晶體。

❖藥品

苯甲酸
食用色素
活性炭

❖器材

天　平	
刮　勺	2 支
燒　杯（100mL）	2 個
量　筒（25mL）	1 支
溫度計（150℃）	1 支
錶玻璃	1 個

漏　斗	1個
抽濾漏斗	1個
小磁棒	1個
滴　管	1支
熔點測定器	1個
鐵架、鐵環	各1
加熱板	1個
試管夾	1個
濾　紙	2張

❖實驗步驟

1. **測定含雜質不純苯甲酸的熔點。**

⑴取不純的苯甲酸的0.5克，準確稱其重量並記錄至±0.01克，將其放入於100mL的燒杯中，加蒸餾水25mL，放入小磁鐵後蓋上錶玻璃置於加熱板上加熱使溶質溶解。

⑵加熱至溶液開始沸騰取下燒杯，放置略冷，一面搖動燒杯一面加入少量活性炭，隨即再置於加熱板上加熱數分鐘。

〔注意〕熱溶液中加入活性炭常會發生泡沫衝出燒杯的情形，故需靜置略冷後再行加入。

⑶稱重一張濾紙記錄其重後放在漏斗。燒杯中放20mL蒸餾水，加熱至沸騰後倒入漏斗，使漏斗及濾紙的溫度升高，隨即將⑵的溶液過濾。若有結晶體和活性炭留在濾紙上，可用熱水沖洗數次，最初部份濾出液若不清澈，亦可再傾倒入漏斗重新過濾。

⑷將蒸餾水逐漸加入濾液中並搖動燒杯，至溶液混濁時加以微熱，至溶液再度澄清後將之移離加熱板，使之冷卻使晶體析出。過濾晶體，風乾後稱重並測其熔點。苯甲酸回收於教師所準備的乾淨容器。

❖ 結果及討論

1. 不純苯甲酸之熔點________℃，外觀為________預查之苯甲酸熔點為________℃。
2. 不純苯甲酸之重量為________。
3. 最後所得淨製的苯甲酸重量、熔點、外觀如何？
4. 預查苯甲酸在水中與甲醇中之溶解度各為何？
5. 所得淨製苯甲酸分率 $= \dfrac{\text{淨製苯甲酸重}}{\text{不純苯甲酸重}} \times 100\% = ?$
6. 活性炭加入熱溶液時必須搖動並緩緩加入，若一次加入太多則溶液容易衝出，何做？
7. 為什麼活性炭可以脫色？
8. 為什麼苯甲酸溶液加入水會變混濁而加熱又會澄清？

實驗十一　影響化學反應的因素與反應速率

❖目的

探究溫度或催化劑對過氧化氫分解反應速率的影響。

❖概論

過氧化氫放在冰箱內幾乎不會分解產生氧，但在太陽照到的地方卻分解的很快。在實驗室以過氧化氫製造氧氣時，加入少量的二氧化錳做催化劑可使其加速分解，如此化學反應速率受反應物的濃度、溫度及催化劑等因素而改變。$2H_2O_2 \rightarrow 2H_2O + O_2$

過氧化氫在 25℃、35℃及 45℃不同溫度時，分解反應的反應速率常數 K 值為 0.086L/min，0.24L/min 及 0.65L/min。因此可知溫度每上升攝氏 10 度時，速率常數大的增加 3 倍。一般來講溫度升高攝氏 10 度，反應速率將增加 2～4 倍。

影響化學反應速率的因素除溫度之外，尚有催化劑的存在與否。過氧化氫在常溫時分解的緩慢，但加入少量催化劑的二氧化錳時會激烈分解產生氧氣。在此反應中二氧化錳始終沒有變化，只是促進過氧化氫的分解而已。

使用催化劑能夠增加反應速率的原因，在於反應所需的活化能降低，因此反應途徑從高活化能的途徑改變為較低活化能的途徑。

在實驗仍以二氧化錳為催化劑，探究過氧化氫分解反應中溫度及催化劑的存在對分解反應速率的影響。

❖藥品

二氧化錳粉末，3%過氧化氫溶液

❖ 器材

雙股試管
附橡皮塞的導管
水槽、量筒、燒杯
溫度計、本生燈

❖ 實驗步驟

1. 雙股試管的一股中放入0.03g的二氧化錳，另一股中放入5mL的過氧化氫溶液後，如圖11-1所示將導管的橡皮塞塞住試管口，將量筒放滿水倒立於量筒底部。

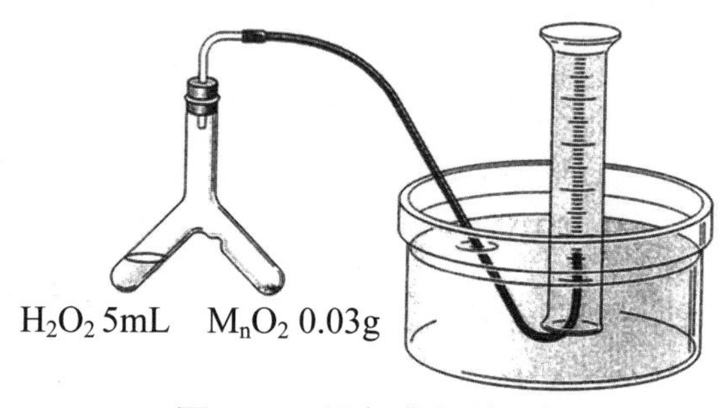

圖 11-1　過氧化氫的分解

2. 傾斜雙股試管混合過氧化氫溶液與二氧化錳混合，每30秒記錄所生成氣體的體積。

時間（分）	0.5	1.0	1.5	2.0	…	5.0
體積（mL）						

3. **溫度的效應**

在燒杯中預先加熱較室溫高10℃的水，將另雙股試管中放0.03g 二氧化錳，另一股放5mL過氧化氫溶液的，浸在燒杯中的溫水後，以2同樣步驟記錄每30秒生成的氣體體積。

4. **催化劑效應**

使用0.06g的二氧化錳與實驗步驟2相同的步驟實驗並做記錄。

❖結果及討論

1. 實驗步驟 2、3、4 的結果，量出氣體發生量與反應時間的相關曲線為圖

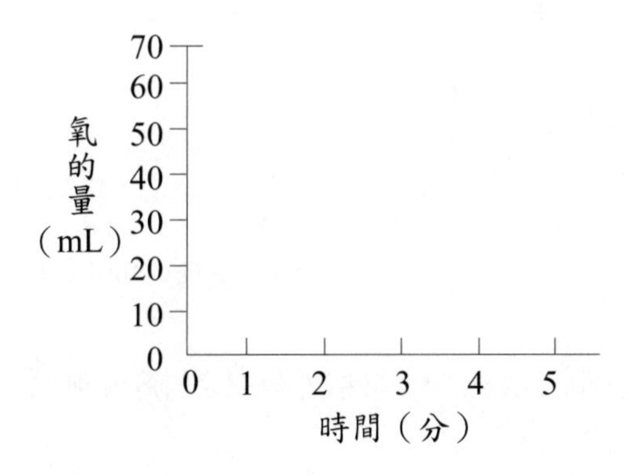

2. 實驗步驟 2 的結果從氣體發生量各時間量所殘存的過氧化氫（最初的量減反應量）濃度，以發生氧的物質量，反應的過氧化氫物質量的順序計算。

時間（分）	0.5	1.0	1.5	2.0	…	5.0
過氧化氫的濃度（mol/L）						

3. x軸為時間，y軸為殘存的過氧化氫濃度畫出相關曲線，從其斜度計算分解速度。

時間（分）	0.5	1.0	1.5	2.0	2.5	
v(mol/L · S)						

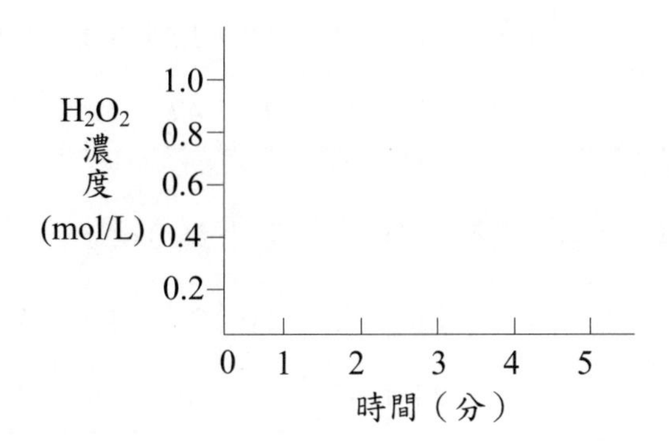

4. 畫出過氧化氫的濃度（x軸）與分解速度（y軸）的相關曲線，確認兩者比例關係。

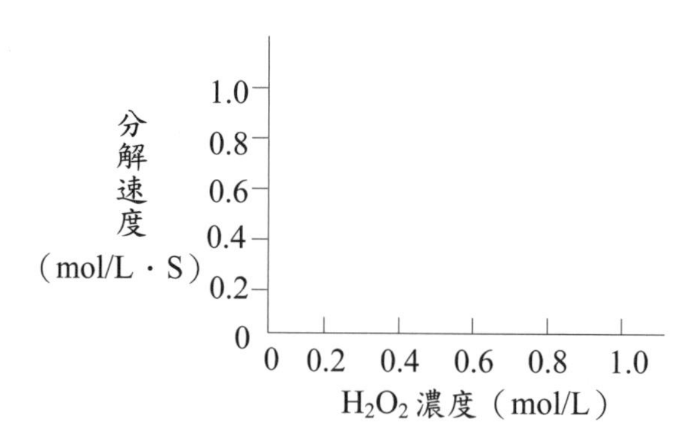

5. 溫度、催化劑的量與分解速度有什麼關係呢？

❖ 實驗注意事項

1. 過氧化氫溶液的量（5mL）盡量正確量取。較5mL多時氧的發生量增加，計算殘存過氧化氫的量時成負值，這時過氧化氫較5mL多，因此需補正過氧化氫的量。
2. 步驟2測定時氣溫或水溫度要預先測定。為避免化學反應使雙股試管內溫度升高，最好把雙股試管放在水槽的水中來實驗。
3. 實驗步驟2的參考記錄：實驗16℃（水蒸氣壓14mmHg）

時間（分）	0.5	1.0	1.5	2.0	2.5	3.0	3.5	4.0	4.5	5.0
體積（mL）	11	20	27	33	37	41	45	48	50	52

4. 實驗步驟3的參考記錄：26℃（水蒸氣壓25mmHg）

時間（分）	0.5	1.0	1.5	2.0	2.5	3.0	3.5	4.0	4.5	5.0
體積（mL）	14	27	36	42	47	50	52	54	55	55.7

5. 實驗步驟4的參考記錄：16℃二氧化錳0.06g

時間（分）	0.5	1.0	1.5	2.0	2.5	3.0	3.5	4.0	4.5	5.0
體積（mL）	19	34	42	47	49	50	51	52	53	53

❖結果及討論（例）

1. 在 26℃較 16℃氧氣發生的速度快而溫度高的部分的氧的體積膨脹。催化劑從 0.03g 增加到 0.06g 開始時氧的發生量增加，到後半部可知反應大約已進行完畢。

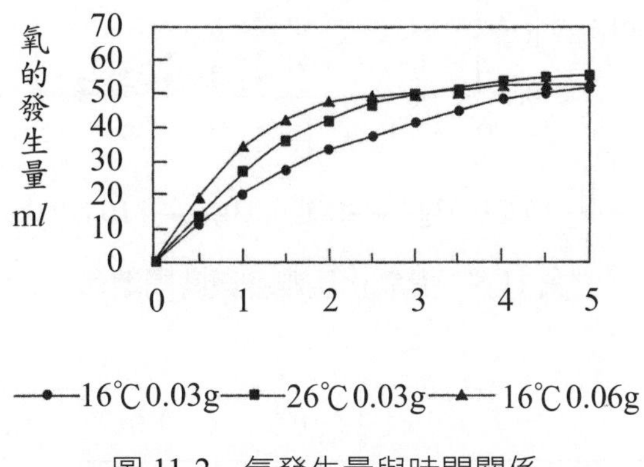

圖 11-2　氧發生量與時間關係

2. 殘存的過氧化氫的濃度為 3%H_2O_2於開始時為 0.88mol/L。在 16℃時 1mol 氧的體積考慮到水蒸氣壓時為 24.2L，26℃時為 25.4L，由產生的氧之量計算反應的過氧化氫的量，求得殘存過氧化氫之量。

$$2H_2O_2 \rightarrow 2H_2O + O_2$$

時間（分）	O_2體積（mL）	O_2莫耳（mol）	H_2O_2反應量（mol）	H_2O_2殘存量（mol）	H_2O_2濃度（mol/L）
0	0	0	0	0.0044	0.88
0.5	11	0.00045	0.0009	0.0035	0.70
1.0	20	0.00083	0.0017	0.0027	0.55
1.5	27	0.00112	0.0022	0.0022	0.43
2.0	33	0.00136	0.0027	0.0017	0.33
2.5	3.7	0.00153	0.0031	0.0013	0.27
3.0	41	0.00169	0.0034	0.0010	0.20
3.5	45	0.00186	0.0037	0.00068	0.14
4.0	48	0.00198	0.0040	0.00043	0.087
4.5	50	0.00207	0.0041	0.00027	0.054
5.0	52	0.00215	0.0043	0.0010	0.020

3. 從相開曲線畫出接線如圖 11-3 所示，由其傾度求分解速度。但是過氧化氫濃度低時誤差增大，國此計算到 2.5 分為止秒可。

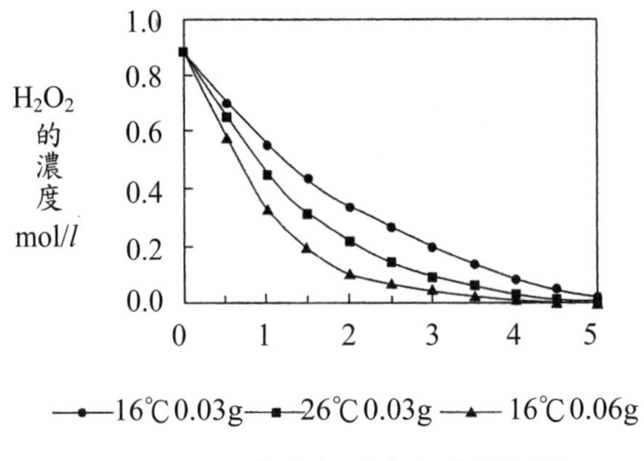

圖 11-3　過氧化氫濃度與時間關係

時間（分）	0.5	1.0	1.5	2.0	2.5
過氧化氫濃度（mol/L）	0.70	0.55	0.43	0.33	0.27
v（mol/L）	0.0055	0.0042	0.0036	0.0026	0.0022

4. 從曲線可知反應物的過氧化氫濃度與分解速度大約成比例關係。

5. 26℃ 時

時間（分）	O_2 體積（mL）	O_2 莫耳數（mol）	H_2O_2 反應量（mol）	H_2O_2 殘存量（mol）	H_2O_2 濃度（mol/L）
0	0	0	0	0.0044	0.88
0.5	14	0.00055	0.0011	0.0033	0.66
1.0	27	0.00106	0.0021	0.0023	0.45
1.5	36	0.00142	0.0028	0.0016	0.31
2.0	42	0.00165	0.0033	0.0011	0.22
2.5	47	0.00185	0.0037	0.0007	0.14
3.0	50	0.00197	0.0039	0.0005	0.093
3.5	52	0.00205	0.0041	0.00031	0.061
4.0	54	0.00213	0.0043	0.00015	0.030
4.5	55	0.00217	0.0043	0.00007	0.014
5.0	55.7	0.00219	0.0044	0.00005	0.003

6. 16℃，二氧化錳 0.06g 時

時間（分）	O_2體積（mL）	O_2莫耳數（mol）	H_2O_2反應量（mol）	H_2O_2殘存量（mol）	H_2O_2濃度（mol/L）
0	0	0	0	0.0044	0.88
0.5	19	0.00079	0.0016	0.0028	0.57
1.0	34	0.0014	0.0028	0.0016	0.32
1.5	42	0.0017	0.0035	0.00093	0.19
2.0	47	0.0019	0.0039	0.0052	0.10
2.5	49	0.0020	0.0040	0.00035	0.070
3.0	50	0.0021	0.0041	0.00027	0.054
3.5	51	0.0021	0.0042	0.00019	0.037
4.0	52	0.0021	0.0043	0.000140	0.020
4.5	53	0.0022	0.0022	0.00002	0.004
5.0	53	0.0022	0.0044	0.00002	0.004

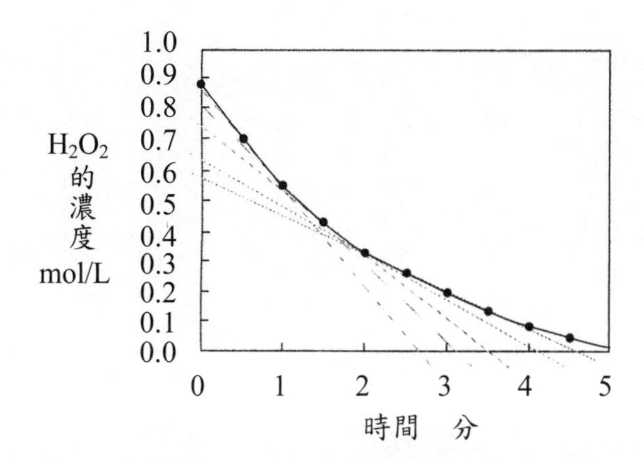

圖 11-4　過氧化氫濃度與時間（溫度）

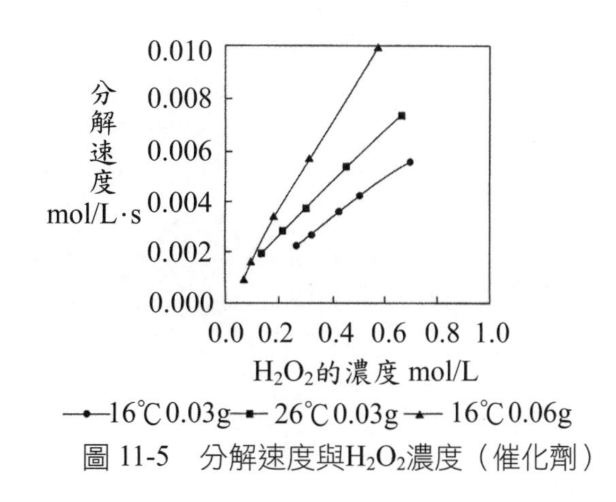

圖 11-5　分解速度與H_2O_2濃度（催化劑）

計算所得過氧化氫的濃度在 26℃時較 16℃時快減少。將催化劑增加一倍時反應速度增加使分解的較快，但可知前半步驟幾乎消耗完過氧化氫。

以同濃度的過氧化氫來講，溫度高的分解速度較快。催化劑量增加一倍的 0.06g 時分解速度更快，從曲線可知使用 0.06g 催化劑時，在同一過氧化氫濃度較使用 0.03g 催化劑時的分解速度約 2 倍快。兩者的分解速度都與過氧化氫濃度成比例，曲線都在通原點的直線上。

實驗十二　反應速率與反應級數的測定

❖目的

在定溫時測定過氧化氫與碘離子在酸性溶液的氧化還原反應速率及反應級數，並計算反應速率常數。

$$H_2O_2 + 2I^- + 2H^+ \rightleftharpoons I_2 + 2H_2O$$

❖概論

化學反應的速率，可用某反應物或生成物的濃度瞬間變化來表示，例如

反應：$2A+B \rightarrow C$

反應速率：$-\frac{1}{2}\frac{d[A]}{dt} = -\frac{d[B]}{dt} = \frac{d[C]}{dt}$

反應速率與各反應物濃度間之關係為：

反應速率 $= k[A]^m[B]^m$

其中〔A〕、〔B〕、〔C〕分別代表A、B、C的濃度，m為關於A物質的反應級數，n為關於B物質反應級數，m+n為全反應的反應級數。k為反應速率常數。m，n，及k均需由實驗求出。

過氧化氫與碘離子在酸性溶液中的反應為：

$$H_2O_2 + 2I^- + 2H^+ \rightleftharpoons I_2 + 2H_2O$$

依照反應速率定律；其反應速率可用下式表示：

反應速率 $= k'[H_2O_2]^m[I^-]^n[H^+] \cdots\cdots (1)$

在氫離子濃度高於 $1 \times 10^{-3}M$ 時，酸性愈強而反應速率愈大，在氫離子濃度小於 $1 \times 10^{-3}M$ 時，氫離子濃度的改變對反應速率的影響

可以忽視。本實驗使用醋酸—醋酸鈉緩衝溶液，使氫離子濃度約為 2×10^{-5} M，在此情形下，反應速率可改寫為：

$$反應速率 = k[H_2O_2]^m[I^-]^n \cdots\cdots (2)$$

測定 n 時準備過氧化氫濃度都相等而碘離子濃度不相同的幾種溶液，測定這各種溶液的初反應速率 R_0，將(2)式改寫為：

$$\log R_0 = \log\{k[H_2O_2]^m\} + n\log[I^-]$$

∵過氧化氫濃度都相等而一定，$\log\{k[H_2O_2]^m\}$ 為一常數。

$$\log R_0 = 常數 + n\log[I^-]$$

以 $\log R_0$ 為縱坐標，$\log[I^-]$ 為橫坐標作圖為直線圖形，此直線的斜率為 n。

另準備碘離子的濃度不變而過氧化氫濃度不相同的幾種溶液，測定各種溶液的初反應速率，由對數方程式

$$\log R_0 = \log\{k[I^-]^n\} + m\log[H_2O_2]$$

$$或 \log R_0 = 常數 + m\log[H_2O_2]$$

以上法同樣作圖求 m。

$$k = \frac{反應速率}{[H_2O_2]^m[I^-]^n} \cdots\cdots (3)$$

將所得的m，n值代入(3)式，再將各次實驗所用反應物的濃度及實測的反應速率代入(3)式，可計算反應速率常數 k。以各次實驗所得 k 值之平均值，作為本實驗之反應速率常數。

反應速率的測定，通常是在反應物混合開始，在極短的一段時間（Δt）內，測定某一反應物濃度之降低（$\Delta[A]$），以 $\Delta[A]/\Delta t$ 作為初反應速率之近似值。困難點在於時間間隔太短時不易測定。時間間隔較長時，一方面反應物的濃度因時間的延長而降低，同時逆反應亦已產生，以 $\Delta[A]/\Delta t$ 當作初反應速率因此有相當的誤差產生。本實驗為了測定正確的反應速率，在反應液內加入一定體積的硫代硫酸鈉標準溶液，因為 H_2O_2 與 I^- 的反應較慢，而 $S_2O_3^{2-}$ 與 I_2 的反應較快，因此當

H_2O_2 把 I^- 氧化為 I_2 時，$S_2O_3^{2-}$ 又立刻將碘分子還原成碘離子。

$$H_2O_2 + 2I^- + 2H^+ \rightleftharpoons I_2 + 2H_2O$$
$$2S_2O_3^{2-} + I_2 \rightleftharpoons S_4O_6^{2-} + 2I^-$$

溶液中有 $S_2O_3^{2-}$ 存在時，就不會有碘分子的存在，如此不會有逆反應發生，反應速率亦不會因碘離子濃度降低而減慢。待 $S_2O_3^{2-}$ 消耗完後碘分子不會出現，反應液內加入少許的澱粉溶液，碘分子遇到澱粉呈藍色，故當藍色出現時停止計時。在這段反應時間內，碘離子的濃度並未降低，換句話說，反應過程中只消耗了過氧化氫。假設在反應開始時加入過量的過氧化氫，則在反應中消耗的過氧化氫與其總量互相比較，為量有限。也就是在這段反應時間內過氧化氫濃度降低不多，在此情形下，實測反應速率就近於初反應速率。

記錄從反應開始到溶液呈藍色所需的時間，田硫代硫酸鈉標準溶液的莫耳數，計算生成碘分子的莫耳數。再由碘分子莫耳數，計算消耗的過氧化氫莫耳數，最後由過氧化氫濃度的降低數值除以時間 t，即 $-\Delta[H_2O_2]/\Delta t$ 為初反應速率。

❖藥品

0.500M 醋酸 － 0.500M 醋酸鈉緩衝溶液	200mL
0.150M 碘化鉀溶液	300mL
0.0200M 硫代硫酸鈉溶液	140mL
0.100M 過氧化氫溶液	400mL
澱粉溶液	20mL

〔注意〕碘化鉀溶液，硫代硫酸鈉溶液，過氣化氫溶液都必須於實驗前才配製。

❖器材

燒　杯	50mL、100mL 及 400mL	各一個
	250mL、500mL	各兩個
量　筒	10mL、25mL、100mL	各一個
滴定管	50mL　三支　附滴定管架	
試　管	三支　附試管架	
溫度計	（100℃）一支	
馬　錶		

❖實驗步驟

〔注意〕許多物質可以導致過氧化氫分解，在使用過氧化氫做定量實驗時，要特別注意儀器（含燒杯，量筒）之清潔。

1. 取 50mL 燒杯一個，250mL 燒杯二個，400mL 及 500mL 燒杯各一個到藥品檯量取下列各項藥品。
   ⑴取 200mL 緩衝溶液於 250mL 燒杯。
   ⑵取 0.150M 碘化鉀溶液 300mL 於 400mL 燒杯
   ⑶取澱粉溶液 20mL 於 50mL 燒杯
   ⑷取 0.0200M 硫代硫酸鈉溶液 140mL 於 250mL 燒杯
   ⑸取 0.100M 過氧化氫溶液 400mL 於 500mL 燒杯
2. 取碘化鉀溶液 5mL於試管內，再加過氧化氫溶液數滴並搖動試管。
   ⑴取一張白紙放在試管後，觀察並記錄試管溶液的顏色。
   ⑵將試管內的溶液分裝於乾淨的 a、b、c 三支試管內。
   試管 a 放置於試管架上，做比較之用。
   ⑶試管 b 內滴加澱粉溶液數滴，觀察其顏色。
   ⑷試管 c 內加硫代硫酸鈉溶液數滴，觀察有無顏色變化，與試管 a 做比較，再加數滴澱粉溶液，搖動試管，再觀察其顏色。
3. **依照附表 12-1 所列各溶液的量混合在一起做七次實驗。**

附表 12-1 各種溶液的用量（溶液體積單位都是 mL）

實驗	蒸餾水	緩衝溶液	碘化鉀溶液	澱粉溶液	硫化硫酸鈉溶液	加蒸餾水使總體積為	過氧化氫溶液
(1)	20	5	2	0.5	1.2	50	5
(2)	20	5	4	0.5	2	50	5
(3)	20	5	6	0.5	2	50	5
(4)	20	5	10	0.5	2	50	5
(5)	10	5	10	0.5	4	45	10
(6)	10	5	10	0.5	6	40	15
(7)	10	5	10	0.5	6	35	20

註：為節省時間和藥品，可將實驗(3)和(7)刪去。不過由三點來畫一直線，準確度較差。單位都是 mL

(1)在滴定管三支的分別裝入碘化鉀、硫代硫酸鈉及過氧化氫溶液。滴定管使用前需以各該溶液沖洗兩次（每次約 5mL）。

(2)除過氧化氫外，將附表由左向右的順序，分別量取各溶液倒入於 500mL 燒杯內。

(3)由滴定管滴入所需過氧化氫溶液於 100mL 燒杯內。兩人分工合作實驗，一人一面攪拌溶液，迅速將過氧化氫溶液加入(2)溶液中，另一人在加入過氧化氫溶液時立刻開始計時到藍色出現為止。記錄反應所需的時間。此步驟在燒杯下面放一張白紙，便於觀察。

(4)每種量器，只固定取出一種溶液，整個實驗結束前不必沖洗，僅反應用燒杯及攪棒，在每次實驗後要充分沖洗。

(5)七次實驗要在同溫下進行，記錄反應溶液的溫度。

(6)處理數據時，作圖求 m 及 n，設以目視法發現，任何一個數據離直線太遠，必須重做該次實驗。

❖結果及討論

1. ⑴在碘化鉀溶液中加入過氧化氫溶液，反應式為：

    ____

    顏色__________ 解釋__________

    ⑵在碘化鉀溶液中滴加過氧化氫溶液後，再加澱粉溶液

    顏色__________ 解釋__________

    ⑶在碘化鉀溶液中滴加過氧化氫溶液，再加硫化硫酸鈉溶液，顏色為__________

    再加澱粉溶液，顏色為__________

    反應式____________________

    解釋____________________

2. 實驗數據

實驗	溶液總體積（mL）	初濃度（莫耳／升）		$S_2O_3^{2-}$ 莫耳數	H_2O_2 消耗莫耳數	H_2O_2 濃度降低值（莫耳／45）$\{-\Delta[H_2O_2]\}$	反應時間（Δt）	初反應速率 $-\frac{\Delta[H_2O_2]}{\Delta t}$
		$[I^-]$	$[H_2O_2]$					
(1)								
(2)								
(3)								
(4)								
(5)								
(6)								
(7)								

3. 作圖以求 m，n 值。

⑴在實驗⑴，⑵，⑶，⑷中過氧化氫用量相同，每次碘離子濃度不同，以 log（初反應速率）對 log$[I^-]$作圖，求 n 值。

⑵在⑷，⑸，⑹，⑺四次實驗中，碘離子濃度相同，每次過氧化氫濃度不同，以 log（初反應速率）對 log$[H_2O_2]$作圖，求 m 值。

4. 計算反應速率常數 k

$$k=\frac{\text{反應速率}}{[H_2O_2]^m[I^-]^n}$$

從 2 所得的初反應速率及初濃度，3 所得的 m，n 值代入上式，計算 k 值。

實驗十三　電解質與非電解質溶液的性質

❖目的

由測定電解質與非電解質溶液的凝固點下降，比較電解質溶液與非電解質溶液的不同性質並由凝固點的下降實驗，求出未知溶液的濃度。

❖概論

溶液的依數性即蒸氣壓下降、凝固點下降、沸點上升及滲透壓增加等，不問溶質的種類而只依賴於其莫耳溫度。在冬天因為溶液的依數性導致水中溶解乙二醇或丙三醇時不會結冰，並在膀胱等半透膜能夠靠滲透壓來輸送水。溶液的依數性能夠用於決定非揮發性非電解物質的分子量。依數性又能夠合理敘述非電解質溶液的一單純模型與其在電解質溶液的典型行為的偏差，可做活性係數的決定及發展離子間吸引力的學說。

非電解質溶液的凝固點下降度數ΔT_f與溶質的重量莫耳濃度 m 成正比。

$$\Delta T_f = k_f m \cdots (1)$$

$$k_f = \frac{MW_{(溶劑)} R (T_f^\circ)^2}{1000 \Delta H_f} = 1.860^\circ / m \cdots (2)$$

在(2)式中 k_f 與以水來計算

R 為氣體常數（J/k．mol）

T_f° 為水的凝固點

ΔH_f 為水的熔化熱（J/mol）

1000 為莫耳濃度中以水的 g 數與 kg 的變換

此 k_f 值亦能夠由非電解質的稀薄溶液之凝固點下降來決定。

早期溶液的性質之研究中注意到同樣濃度的鹽類溶液的凝固點下

降（與其他依數性，特別在滲透壓）較同濃度的非電解質溶液的凝固點下降的大。實驗經過分析得凡得荷夫因數 i（vant Hoff i factor）為同樣濃度的電解質溶液凝固點下降度數與非電解質溶液凝固點下降度數之比。

$$i=\frac{\Delta T_f(\text{實驗},m)}{\Delta T_f(\text{非電解質},m)}=\frac{\Delta T_f(\text{實驗},m)}{k_f m}\cdots(3)$$

凡得荷夫因數為一電解質溶液的性質與非電解質的理想溶液性質的偏差。在(3)式中的ΔT_f能夠由 m 重量莫耳濃度的凝固點下降實驗來決定。

凡得荷夫因數 i 隨溶質的濃度減少而增加並極稀薄溶液時接近整數。滲透壓的實驗亦如同凝固點下降的實驗一樣能夠得到同樣數值的 i。在無限稀薄溶液中的極限值 v 為在溶液中鹽類所含的離子之莫耳數。

❖藥品

食鹽（NaCl）溶液	1m	每組 30mL
蔗糖（$C_{12}H_{22}O_{11}$）溶液	1m	每組 30mL
未知濃度的食鹽溶液		每組 30mL
食鹽		

❖器材

精密溫度計（可測 0.1℃）
燒　杯　600mL
大試管（外徑 18mm & 21mm）
攪　棒　鐵架及鐵夾
冰　塊
蒸餾水

❖實驗步驟

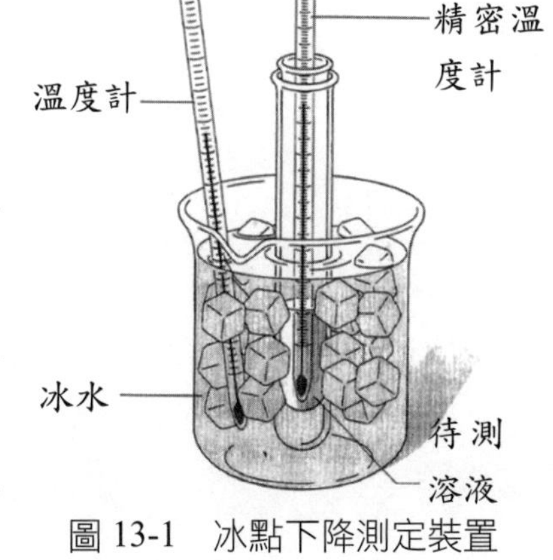

圖 13-1　冰點下降測定裝置

1. 將21mm大試管用鐵夾夾住放入600mL燒杯中做外管，在燒杯中裝入適當量的碎冰與食鹽的混合物（3：1），碎冰要能包覆住此一外大試管。
2. 另一較細18mm的大試管中加入約30mL的蒸餾水，將溫度計與攪棒置於此大試管中，並將此大試管吊入較大的大試管中成為內管。內管中溫度計底部最好與蒸餾水面與內管底部的中央部位。
3. 上下攪拌蒸餾水至少每秒攪拌一次但不要超出水面。每隔30秒記錄溫度一次。直到開始凝固時繼續記錄溫度約5分鐘到每隔兩次溫度讀數不超過0℃為止。
4. 取出內試管，倒出內容物，換裝1m 食鹽水溶液後依照步驟2～3方式測定凝固點 T_f。
5. 再取出內試管，倒出內容物並洗淨後換裝1m 蔗糖溶液後依照步驟2～3方式測定凝固點 T_f。
6. 後教師取得未知溶液，依步驟2～3測定凝固點 T_f，並求出該未知溶液的濃度。

❖結果及討論

試樣	凝固點 T_f	凝固點下降 $T_f - T_o$	凝固點下降理論值	誤差
蒸餾水	T_o =			
1.0 m NaCl				
1.0 m $C_{12}H_{22}O_{11}$				
χ m NaCl				

1. 計算出1.0m NaCl溶液的凡得荷夫值，為何實驗值與理想值相差那麼多？
2. 此實驗結果與離子間吸引力的學說有什麼關係？

實驗十四　游離常數與緩衝溶液

❖目的

改變弱酸的醋酸的濃度來測量 pH 值，求其游離常數。配製緩衝溶液並加入少量的酸或鹼溶液，測定pH值的改變情形。

❖概論

瑞典阿瑞尼士提出在水中能夠游離而生成氫離子的為酸，能夠游離生成氫氧根離子的為鹼。酸有強酸及弱酸，弱酸在水溶液中不完全游離成氫離子。比較弱酸的強度，以一種平衡常數即游離常數表示。設HB代表一弱酸，其游離為：

$$HB \rightleftharpoons H^+ + B^-$$

$$游離常數\ K_a = \frac{[H^+][B^-]}{[HB]}$$

K_a值愈大酸的強度愈大，K_a值愈小酸的強度愈弱。

弱酸與其鹽，如醋酸與醋酸鈉的混合溶液，加入少量的酸或鹼時，其pH值幾乎不改變，具有此一性質的溶液為緩衝溶液。

醋酸在水溶液的游離為：

$$CH_3COOH \rightleftharpoons H^+ + CH_3COO^-$$

加入醋酸鈉時因完全游離，水溶液中 CH_3COO^- 增加

$$CH_3COO^-Na^+ \rightarrow Na^+ + CH_3COO^-$$

平衡向左移動兩溶液中的H^+濃度減少，此時水溶液中醋酸根離子濃度〔CH_3COO^-〕幾乎等於所加醋酸鈉濃度C_s（mol/L），沒有游離的醋酸濃度〔CH_3COOH〕幾乎等於最初的醋酸濃度C_a（mol/L），因醋酸游離常數 $K_a = \frac{[H^+][CH_3COO]}{[CH_3COOH]}$

$$[H^+] = K_a \frac{[CH_3COOH]}{[CH_3COO^-]} = K_a \frac{C_a}{C_s}$$

在此溶液中加 H^+ 時，H^+ 與多量存在的 CH_3COO^- 反應成 CH_3COOH 來除去，另一面加入 OH^- 時，OH^- 與多量存在的 CH_3COOH 反應生成水與 CH_3COO^- 來除去，因此 pH 值幾乎不會改變。

❖藥品

0.1mol/L　醋酸溶液
0.1mol/L　醋酸鈉溶液
1mol/L　鹽　酸
1mol/L　氫氧化鈉溶液

❖器材

pH 計　市售簡單型
燒杯
量筒
吸管

❖實驗步驟

1. 三個 100mL 的燒杯中分別放入 25, 5, 2.5mL 的 0.1mol/L 的醋酸後，各加純水成 50mL 而配成 0.5mol/L, 0.01mol/L 及 0.005mol/L 的醋酸溶液。以 pH 計測定各溶液的 pH 值並記錄。

醋酸濃度	0.1	0.05	0.01	0.005
pH				

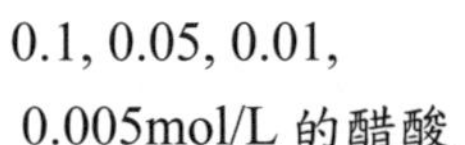

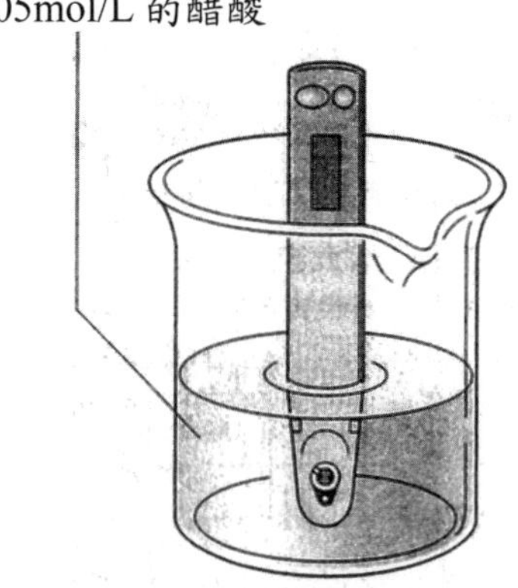

圖 14-1　測不同濃度醋酸的 pH 值

2. 混合各 50mL 的 0.1mol/L 醋酸 0.1mol/L 醋酸鈉溶成製成緩衝溶液並測

定其 pH 值。

3. 將步驟 2 的緩衝溶液 2 等分於兩個燒杯中。在一個燒杯的緩衝溶液中滴數滴 1mol/L 的鹽酸，測定溶液的 pH 值。另一燒杯的緩衝溶液中滴數滴 1mol/L 的氫氧化鈉溶液，pH 怎樣改變？

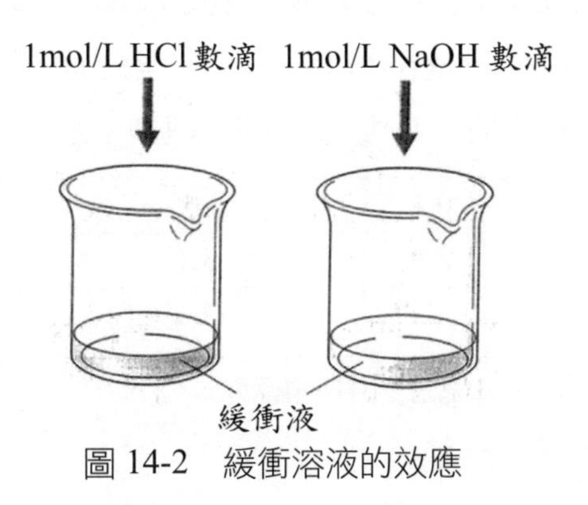

圖 14-2　緩衝溶液的效應

❖ 結果及討論

1. 所得 pH 值的數據求各溶液的氫離子濃度、醋酸根離子濃度及醋酸莫耳濃度（C, CH_3COO^-）。進一步計算游離常數 K，確認 K 為一定的數值。

$$K=\frac{[H^+][CH_3COO^-]}{[CH_3COOH]}$$

C (mol/L)	0.1	0.05	0.01	0.005
$[H^+]$				
$[CH_3COO^-]$				
$[CH_3COOH]$				
K				

2. 從 $\alpha=\frac{[H^+]}{C}$ 式求游離度。

C (mol/L)	0.1	0.05	0.01	0.005
$\frac{[H^+]}{C}$				
$\sqrt{\frac{K}{C}}$				

3. 緩衝溶液中加少量的酸或鹼時，pH值的變化很小的原因請你細思考。

❖ 實驗注意事項

1. pH 計購市販便宜的簡便型測定範圍 pH2～12，±0.1pH 就可用。測定前將玻璃電極等測量部分以沸水洗淨用面紙擦乾，插入液體約 1 分鐘數值安定後讀取。步驟 1 的參考數值如下表。

醋酸濃度 C	0.1	0.05	0.01	0.005
pH	2.9	3.1	3.4	3.6

2. 步驟 2 所配緩衝溶液的 pH＝4.7
3. 步驟 3 的測定例為：

所加溶液	1mol/L HCl	1mol/L NaOH
pH 加 5 滴（0.25mL）	4.6	4.8
pH 加 10 滴（0.5mL）	4.5	4.9

❖ 結果及討論（例）

1. **實驗結果整理如下表：**

醋酸濃度 C mol/L	0.1	0.05	0.01	0.005
$[H^+]$ mol/L	$10^{-2.9}$	$10^{-3.1}$	$10^{-3.4}$	$10^{-3.6}$
$[CH_3COO^-]$ mol/L	$10^{-2.9}$ 1.3×10^{-3}	$10^{-3.1}$ 7.9×10^{-4}	$10^{-3.4}$ 4.0×10^{-4}	$10^{-3.6}$ 2.5×10^{-4}
$[CH_3COOH]$mol/L	9.9×10^{-2}	4.9×10^{-2}	9.6×10^{-3}	4.8×10^{-3}
K mol/L	1.6×10^{-5}	1.3×10^{-5}	1.7×10^{-5}	1.3×10^{-5}

$[CH_3COOH]$由 C-$[CH_3COO^-]$求得，由實驗結果知游離常數 K 值幾乎都一定的數值。

2. **游離度α**

以 $K=1.74\times10^{-5}$ mol/L 計算如下表

醋酸濃度 C　mol/L	0.1	0.05	0.01	0.005
$[H^+]/C$	0.013	0.016	0.040	0.050
$\sqrt{K/C}$	0.013	0.019	0.042	0.059

濃度 C 愈小時游離度α值愈大。

3. 緩衝溶液中加少量的酸時，醋酸的游離平衡向左移動 $CH_3COOH \rightleftharpoons H^+ + CH_3COO^-$ 水溶液的$[H^+]$可保持一定。加少量的鹼時醋酸的游離平衡向右移動保持$[H^+]$為一定值因此 pH 值變化很少。

實驗十五　溶度積常數

❖目的

從銅離子與碘酸根離子的反應求碘酸銅的溶度積常數。

❖概論

當強電解質的飽和溶液與過量的固體沉澱共同存在時，建立一種溶解平衡。例如碘酸銅飽和溶液中建立下列溶解平衡：$Cu(IO_3)_2 \rightleftharpoons Cu^{2+} + 2IO_3^-$其平衡常數為

$$K_c = \frac{[Cu^{2+}][IO_3^-]^2}{[Cu(IO_3)_2]}$$

在一定溫度時碘酸銅固體的濃度（密度）為一定的常數

$$[Cu(IO_3)_2] = K,\ K_c = \frac{[Cu^{2+}][IO_3^-]^2}{K}$$

$$K_c \times K = K_{sp} = [Cu^{2+}][IO_3^-]^2$$

K_{sp}為溶度積常數簡稱溶度積，這表示在任何碘酸銅飽和溶液中，銅離子濃度與碘酸根離子濃度平方的乘積等於一常數。在一種飽和溶液中Cu^{2+}與IO_3^-的濃度可能與另一種飽和溶液的Cu^{2+}與IO_3^-濃度不同，可是離子積$[Cu^{2+}][IO_3^-]^2$永遠保持一定。

本實驗要求$Cu(IO_3)^2$的溶度積常數。首先要了解在飽和溶液中Cu^{2+}與IO_3^-的平衡濃度。溶液中的Cu^{2+}濃度可用比較已知濃度溶液顏色來決定。可是本實驗Cu^{2+}濃度太低，不能生成可觀測的顏色，故加入氨水使Cu^{2+}變成顏色較深的$Cu(NH_3)_4^{2+}$來加強其顏色。溶液中的IO_3^-濃度可用間接法求得。混合已知濃度的Cu^{2+}與IO_3^-，生成$Cu(IO_3)^2$沉澱，從開始時與反應後的Cu^{2+}濃度，可知有多少Cu^{2+}沉澱並可計算有多少IO_3^-沉澱（留意：每一個Cu^{2+}沉澱時有兩個IO_3^-沉澱）。從原來溶液中所含的IO_3^-與沉澱的IO_3^-，可計算留在溶液中IO_3^-的濃度。

❖藥品

硫酸銅溶液	0.15M	35mL
碘酸（HIO_3）	0.32M	35mL
濃氨水		
蒸餾水		

❖器材

滴定管及滴定管架	1組
試　管	
量　筒	
漏　斗	
濾　紙	

❖實驗步驟

1. 如右圖裝置滴定管，以蒸餾水沖洗滴定管再用 0.15M$CuSO_4$ 各 5mL 沖洗兩次。以 0.15M$CuSO_4$ 填充滴定管至的 25mL 刻痕處。洗淨乾燥三支試管及量筒。從滴定管各導出 5.00mL 的 0.15M $CuSO_4$ 於三支試管及 1.00mL 於量筒中。
2. 以蒸餾水洗淨滴定管並用 0.32MHIO_3 溶液各 5mL 沖洗兩次。以 0.32MHIO_3 填充滴定管至約 25mL 刻痕為止。對於 1 號裝有 $CuSO_4$ 的試管中導入 4.00mLHIO_3 溶液；2 號試管中導入 4.50mLHIO_3 溶液；3 號試管中導入 5.00mLHIO_3 溶液。1 號試管中加入 20 滴（1mL）蒸餾水。2 號試管中再加入 10 滴蒸餾水，如此三支試管中的溶液各為 10mL。

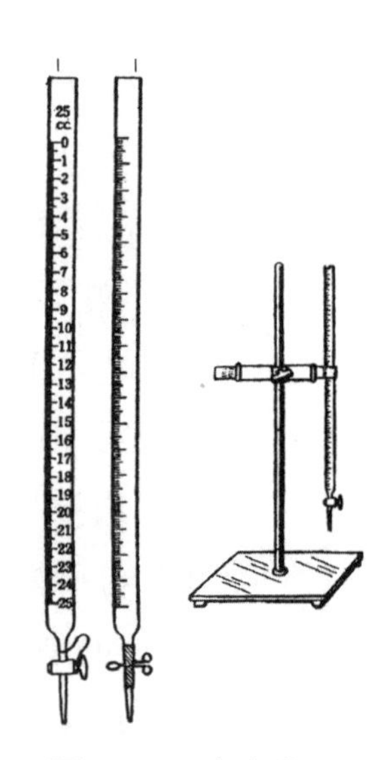

圖 15-1　滴定裝置

3. 以玻棒攪拌 1 號試管至沉澱生成為止，或許需用玻棒擦試管壁的方式引發沉澱的生成。移開玻棒洗滌並乾燥後再攪拌 2 號試管，以同樣步驟再使 3 號試管內溶液產生沉澱。時常搖動每一支試管約 10 分鐘。

4. 使用雙層的濾紙把 1 號試管內容物過濾。在通風櫥內加數滴濃氨水於此濾液，如果仍有一些沉澱存在時加更多滴的氨水到整個溶液澄清為止。拋棄沉澱。
5. 為比較顏色求 Cu^{2+} 濃度配製 $CuSO_4$ 標準溶液。在量筒中加 1.00mL 的 0.150M $CuSO_4$ 並加蒸餾水到 20mL，加入約 1mL 的濃氨水，檢測與 1 號濾液顏色強度相等所需標準溶液的深度。因為同樣顏色強度時溶液濃度與深度成反比，記錄比較所用兩種溶液的深度。
6. 用同樣方法，過濾 2 號及 3 號試管內容物並比較與其同顏色強度所需標準溶液的深度。

❖結果及討論

1. 實驗數值

	1	2	3
開始時滴定管讀數（$CuSO_4$溶液）			
最後滴定管讀數（$CuSO_4$溶液）			
開始時滴定管讀數（HIO_3溶液）			
最後滴定管讀數（HIO_3溶液）			
濾液在試管中高度			
標準溶液的比較高度			

2. 實驗結果

Cu^{2+}在 10mL 混合液的濃度			
沉澱前（計算的）			
沉澱後（顏色比較的）			
Cu^{2+}濃度的減少			
IO_3^-濃度的減少			
IO_3^-在 10mL 混合液的濃度			
沉澱前			
沉澱後			
溶度積$Cu^{2+}[IO_3^-]^2$			

3. 討論

⑴為什麼過濾時使用雙層濾紙？

⑵這三次實驗中，那一項所求的 Ksp 值可能取不準確，為什麼？

實驗十六　法拉第常數的測定

❖ 目的

利用電解硫酸溶液所產生的氫體積方式測定法拉第常數。

❖ 概論

法拉第定律為電解時，在陰極或陽極所改變的物質之量與通過的電量成正比，而在通一定電量時電極所變化的離子量，無論離子的種類如何，與其離子的荷電數成反比。1 個電子的電量為1.6012×10^{-19}C（庫侖），一莫耳電子的電量為$1.6012 \times 10^{-19} \times 6.02 \times 10^{23} = 96500$C，此數稱為法拉第常數（Faraday constant）。一法拉第等於電解時每一電極產生一克當量物質所需要的電量。電量的單位為庫侖，即一安培電流一秒間所通過的電量。

電量（C）= 電流（安培）× 時間（秒）

本實驗由還原亞佛加厥數的氫離子（H^+）所需的電量來求法拉第常數。電解硫酸溶液在陰極可得氫氣，測量所生成的氫的體積，另一面，在陽極的銅被氧化成銅離子，測量銅極的銅減輕的重量，能求得一法拉第電量能氧化的銅即銅的克當量。

❖ 藥品

硫酸溶液 3M	50mL
蒸餾水	

❖ 器材

燒　杯	200mL

量氣管（可用滴定管代替）

銅　片（4cm × 1cm）做陽極用

銅製電線（25cm 有絕緣體包的）做陰極

洗　瓶

直流電源

鐵夾及鐵架

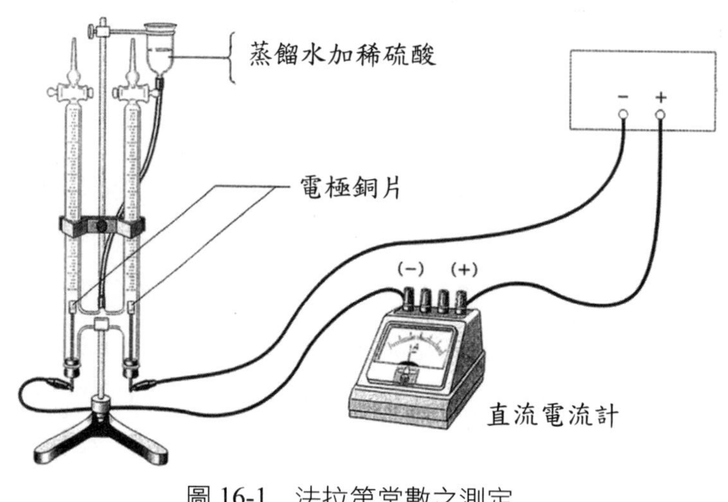

圖 16-1　法拉第常數之測定

❖實驗步驟

1. 在 200mL 乾淨燒杯中加入蒸餾水到半滿後倒入 3M 稀硫酸 50mL，攪拌使其均勻混和以鐵架和鐵夾裝好量氣管、量氣管上端與乾的洗瓶用橡皮管連接，橡皮管上裝一鐵夾。打開鐵夾從洗瓶上的玻璃管，用嘴吸收電解液由燒杯上升到量氣管的最頂端後用鐵夾夾住橡皮管使量氣管內溶液不降下（洗瓶的功用為避免酸液被吸入嘴中之用）。
2. 使用分析天平稱量陽極銅片的重量（到 0.001 克）。銅片一端摺疊且連於一銅線接於直流電源的陽極。另準備 25cm 長的銅製絕緣體所包的電線，兩端各露出 1cm 銅絲的連接於直流電源的陰極，一端通入量氣管中。
3. 關上開關使電流通向開始電解，記錄開始電解的時間及電流強度。陰極所產生的氫上升於量氣管上端，將溶液推下，數分鐘後當收集氫 20mL 後，記錄此時的電流強度。打開開關使電流不再流通。以尺測量量氣管水柱高度、氣體體積、溶液溫度和大氣壓。

4. 用蒸餾水洗淨陽極的銅板，以濾紙擦乾後用分析天平測量其重量。

❖ 結果及討論

1. 實驗結果	第一次	第二次
電解開始時間	______	______
電解結束時間	______	______
電解開始時的電流	______	______
電解結束時的電流	______	______
氫體積	______	______
水柱高度	______	______
大氣壓	______	______
溶液溫度	______	______
陽極銅的最初重量	______	______
陽極銅的最後重量	______	______
水柱相當於水銀柱高度	______	______
水的蒸氣壓	______	______
氫的分壓	______	______
S. T. P 時的氫體積	______	______
生成 H_2 的莫耳數	______	______
H^+ 被還原的莫耳數	______	______
電解中的平均電流	______	______
電解所用的時間（秒）	______	______
電解所用的電量（庫侖）	______	______
法拉第常數（1 莫耳 H^+ 的庫侖數）	______	______
陽極銅片所減輕的產量	______	______
銅的當量（1 法拉第所減少的銅量）	______	______

2. 討論

⑴比較你實驗求得的法拉第常數與教科書所列的 96500 庫侖，考慮誤差的原因。

⑵計算通過一法拉第電量於下列三項時，陽極的重量改變為多少？

① $Cu_{(s)} \rightarrow Cu^{2+}_{(aq)}$

② $Cu_{(s)} \rightarrow Cu^{+}_{(aq)}$

③ $Cu_{(s)} \rightarrow Cu_2O_{(s)}$

實驗十七　酸、鹼濃度的標定

❖目的

以滴定方法標定酸及鹼溶液的濃度並與pH計所測得之值相比較。學習使用pH計的正確方法。

❖概論

物質與物質互相化合時其當量數應相等。當酸與鹼中和而達到當量點（equivalent point）時

$$N_AV_A = N_BV_B$$

式中 N_A，N_B 各為酸與鹼的當量濃度，V_A 與 V_B 各為酸與鹼的體積。如體積之單位為升，NV之積為克當量數，如體積之單位為毫升，NV之積為毫克當量數。溶液中如加入適當之酸鹼指示劑而達到 $N_AV_A = N_BV_B$ 時，溶液呈現特殊顏色反應，這時為滴定的終點（end point）。

選取一高純度而穩定的固體酸為基本標準物質，其重量為 W_A 克，當量為 E_A 克，則 W_A/E_A 為克當量數，加水溶解此酸為溶液，加入指示劑後，以滴定管中的鹼溶液滴定此一酸溶液，到達滴定終點時，

$$N_BV_B = N_AV_A$$

$$N_B = \frac{W_A}{E_AV_B}$$

由於 W_A ‧ E_A，V_B 都是精確得來之數量，故如此求得的鹼之濃度 N_B 為精確濃度可做標準鹼溶液。

❖藥品

氫氧化鈉（固體）

鄰苯二甲酸氫鉀（$KHC_8H_4O_4$）晶體
濃鹽酸
酚酞指示劑

❖ 器材

滴定管及滴定管架		1組
吸　管	25mL	1支
錐形瓶	250mL	4個
燒　杯	250mL	1個
燒　杯	1L	1個
錶玻璃		1個
稱量瓶		1個
乾燥器		1個
pH計		1支

❖ 實驗步驟

1. **標定 NaOH 溶液的濃度**

⑴配製濃度為 0.1N 的 NaOH 溶液。

⑵在稱量瓶中盛 0.25～0.3 克乾燥過的 $KHC_8H_4O_4$。（實驗前將 $KHC_8H_4O_4$ 盛於乾淨試管中，放入於烘箱內以 100℃烘乾約二小時後，再放在乾燥器中保持乾燥）。

⑶取乾淨錐形瓶兩隻，做下甲乙記號。以天平稱稱量瓶之重至毫克，設為 W_1 克。從稱量瓶將 $KHC_8H_4O_4$ 倒約 1/3 於甲錐形瓶中，再稱此稱量瓶重為 W_2。再從稱量瓶倒出的相同份量的 $KHC_8H_4O_4$ 於乙錐形瓶中，再稱此稱量瓶重為 W_3，以乾淨紙片蓋好各錐形瓶以防塵埃落入。

⑷以配好的NaOH溶液少許來沖洗清潔的滴定管三次，再注入NaOH溶液於滴定管，記下讀數至±0.02mL。

⑸分別加蒸餾水 50mL 於甲乙兩錐形瓶中，小心輕輕搖盪錐形瓶，

使瓶內固體完全溶解成均勻溶液。各加數滴酚酞指示劑。

⑹從滴定管中滴 NaOH 溶液至錐形瓶中，至滴定終點附近時一滴一滴的緩慢滴下，到溶液變成淡紅色而能維持約 15 秒鐘時，記下滴定甲乙兩瓶時所用 NaOH 溶液的體積。

2. 配製 0.1M HCl 溶液並標定 HCl 濃度

⑴加濃鹽酸 8～9mL 於蒸餾水中，稀釋至 1 升溶液。

⑵準備兩個清潔錐形瓶，編號為甲與乙。以 25mL 吸管吸取配好的 0.1N HCl 20mL 兩次，分別加入於兩錐形瓶中。滴入少量酚酞指示劑後由滴定管將 NaOH 標準溶液加入於裝 HCl 的錐形瓶中。記下每次終點時所用之 NaOH 標準溶液的體積。

⑶使用 pH 計測量 1 及 2 所配鹼及酸溶液之 pH 值，與滴定所得的值做比較。

3. pH 計的校正與測定

⑴將 pH 計測定電極和溫度補償電極，接至機器背面之連接座上。

⑵將主機前面之功能選擇鍵按在「待機」（STD. BY）位置。

⑶洗淨電極，並將電極插入標準液中。

⑷將主機前面的電源開關置於開的位置。

⑸將功能選擇鍵按在「PH」或「ATC」位置，待其數字穩定後旋轉「校正」旋鈕（CALB）使其讀數與電極所浸的標準液的標準值相同。pH＝7

⑹將功能選擇鍵按在「待機」（STD. BY）位置，移出電極用水洗淨。

⑺將電極浸入第二種酸鹼標準液中，按下功能鍵 pH 或 ATC 鍵，待數字穩定後，調整「斜率」（SLOPE）旋鈕，使其和標準液之值相同。pH 4

⑻按下功能鍵之「待機」（STD. BY）鍵，移出電極用水洗淨，插入待測溶液中。

⑼按下功能鍵之「pH」或「ATC」鍵待顯示之數字穩定後，記下該數值，即為該未知液的酸鹼值。

⑽若欲關機時，將功能選擇鍵置於「待機」（STD. BY）位置，並將電極插入中性或微酸性標準液中。

❖結果及討論

1. 實驗數據

(1) NaOH 濃度之標定

稱量瓶與 $KHC_8H_4O_4$ 之第一次稱重　W_1______

稱量瓶與 $KHC_8H_4O_4$ 之第二次稱重　W_2______

稱量瓶與 $KHC_8H_4O_4$ 之第三次稱重　W_3______

甲號錐形瓶 $KHC_8H_4O_4$ 之克當量數　= ______

乙號錐形瓶 $KHC_8H_4O_4$ 之克當量數　= ______

滴定管盛 NaOH 溶液第一次讀數　V_1 ______

滴定管盛 NaOH 溶液第二次讀數　V_2 ______

滴定管盛 NaOH 溶液第三次讀數　V_3 ______

中和甲號錐形所用 NaOH 之體積　$V_2 - V_1 =$ ______

中和乙號錐形所用 NaOH 之體積　$V_3 - V_2 =$ ______

由滴定甲號錐形瓶所得 NaOH 的濃度　$N_{B1} =$ ______

由滴定乙號錐形瓶所得 NaOH 的濃度　$N_{B2} =$ ______

NaOH 之濃度（兩次濃度平均值）　$N_B =$ ______

(2) HCl 濃度之標定

甲錐形瓶內 HCl 之體積　V_{A1} ______

乙錐形瓶內 HCl 之體積　V_{A2} ______

滴定管盛 NaOH 第一次讀數　V_1 ______

滴定管盛 NaOH 第二次讀數　V_2 ______

滴定管盛 NaOH 第三次讀數　V_3 ______

中和甲號錐形瓶 HCl 所用 NaOH 之體積　$V_2 - V_1 =$ ______

中和乙號錐形瓶 HCl 所用 NaOH 之體積　$V_3 - V_2 =$ ______

甲錐形瓶 HCl 之濃度　N_{A1}______

乙錐形瓶 HCl 之濃度　N_{A2}______

HCl 之濃度（兩次濃度平均值）　N_A______

2. 討論

(1)何以選用 $KHC_8H_4O_4$ 來標定 NaOH 的濃度？

(2) NaOH 與 $KHC_8H_4O_4$ 中和時，終點之 pH 值多少？NaOH 與 HCl 中和時終點的 pH 值多少？

(3)何以兩種中和都可用酚酞指示劑？能否改用其他指示劑？

(4)你所標定的 NaOH 與 HCl 溶液濃度與用 pH 計測量值互相比較之後有無差異？寫出你用兩種方法的心得。

實驗十八　粗鹼中含鹼總量之滴定

❖目的

以標定過的鹽酸標準溶液滴定強鹼與弱酸所成的鹽，測定粗鹼中鹼之總含量及學習混合指示劑之應用。

❖概論

酸酸滴定中弱酸的游離常數小於 10^{-6} 時，直接用強鹼標準溶液滴定，不能獲得顯明的滴定終點。若改用強酸標準溶液來滴定強鹼與弱酸所生成的鹽，並採用合適的指示劑，便可得顯然的滴定終點，一般以強酸滴定碳酸鹽是此種滴定方法的實例。以強酸滴定碳酸鹽的反應如下：

$$CO_3^{2-} + H_3O^+ \rightleftharpoons HCO_3^- + H_2O，K_{eq} = 1/K_2$$
$$HCO_3^- + H_3O^+ \rightleftharpoons H_2CO_3 + H_2O，K_{eq} = 1/K_1$$

K_1，K_2 分別為 H_2CO_3 及 HCO_3^- 的游離常數。在 25°C 時 $K_1 = 3.5 \times 10^{-7}$，$K_2 = 6.0 \times 10^{-13}$，由數值得知 $K_1 \gg K_2$，因此在滴定時一莫耳的 Na_2CO_3 是一個當量或二個當量作用依照選用的指示劑來決定。

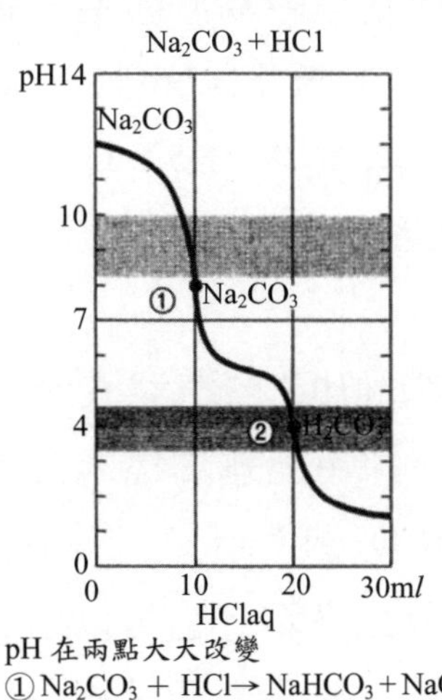

圖 18-1　Na_2CO_3 的滴定曲線

以HCl標準溶液滴定Na_2CO_3時的滴定曲線如上圖所示。第一個當量點相當於將CO_3^{2-}滴定成HCO_3^-，因HCO_3^-為極弱的酸，再滴定接受質子後生成H_2CO_3，H_2CO_3也是一種弱酸，超過第一當量點時，溶液含有HCO_3^-及H_2CO_3，因其有緩衝作用故溶液的pH值變化不大。

第二當量點相當於將HCO_3^-滴定成H_2CO_3，但第二當量點通常仍不夠明顯。其主要原因及H_2CO_3亦為弱酸，可再分解成CO_2及H_2O，一般而言H_2CO_3的游離對溶液pH值亦會產生影響。為了克服此項困難，在快要達到第二當量點時暫時停止滴定，將溶液加熱約2分鐘，其目的為將98%的H_2CO_3趕出，如此可以減低溶液的緩衝效應並使第二當量點更為明顯。

由滴定曲線可知，第一當量點可使用在pH8附近變色的指示劑如酚酞，第二當量點可選用如甲基橙等在pH4附近變色的指示劑。在第一當量點時酚酞由紅色變為無色，超過第一當量點後，立即加入甲基橙指示劑，等到甲基橙變色時即為第二當量點，酚酞之存在並不影響甲基橙的變色。

實驗中有時為了使第一當量點更為明顯，可使用混合指示劑。所謂混合指示劑是用一種指示劑加上一種有機染料所成。有機染料的功用是為了使指示劑的變色更為明顯，若不加有機染料而另再加一種指示劑亦可達到相同的功效。

例如在pH4.1時甲基橙為黃色，靛紅（indigo carmine）為綠色，二者為互補色，在pH4.1二者混合液呈灰色；由綠色變灰色時其顏色變化相當明顯，較單用甲基橙時易於觀察。在滴定碳酸鈉時，另有一種有效的混合指示劑是溴甲酚綠（bromocresol green）與甲基紅（methyl red）。使用這種混合指示劑在pH5.1時由淡紅色變為灰色，原因是在pH5.1時溴甲酚綠為藍綠色，甲基紅為橙色其二者為互補，故混合液變為灰色。

本實驗是用標定過的HCl標準溶液滴定粗製碳酸納的鹼總含量，要滴定到第二當量點。採用上述二種混合指示劑的任何一種，試樣中可能含有NaOH，$NaHCO_3$或Na_2CO_3，含鹼總量常換算成Na_2CO_3，以Na_2CO_3在試樣中的百分比表示，也可以用Na_2O或NaOH百分比表示。這些只是計算上的問題，並不表示試樣中僅含有某一種成分。

❖藥品

純碳酸鈉固體	3份（0.1～0.5g／份）
未知成分粗鹼（soda ash）	3份（0.1～0.5g／份）
0.1M　氫氧化鈉溶液	
0.1M　鹽酸溶液	
酚酞指示劑	
甲基橙－靛紅指示劑	
溴甲酚綠－甲基紅指示劑	

❖器材

滴定管及滴定管架	1組
錐形瓶	4組
本生燈	
鐵架及鐵環	
漏　斗	
天　平	

❖實驗步驟

1. 配製參考溶液

取三份純Na_2CO_3，每份 0.1～0.15g 準確測重後分別倒入於三個乾淨的 125mL 錐形瓶中。各加水 25mL 後搖動錐形瓶使Na_2CO_3完全溶解。加數滴酚酞指示劑，以HC1滴定至粉紅色消失為止。加3～5滴混合指示劑3～5滴，滴定至黃綠色後加熱微沸兩分鐘。冷卻後再繼續滴定至顏色變化。由$\frac{W_B}{E_B}=V_AB_A$計算中和純碳酸鈉至第二當量點，得所需HCl標準溶液的體積。若計算值為20mL，則加18mL於錐形瓶，此溶液顏色作為實驗中暫停滴定之參考。

2. 滴定粗鹼

取三份經準確測重的粗鹼每份 0.1～0.15g 分別倒入於三個乾淨的 125mL 錐形瓶中。各加水 25mL 後輕輕搖動錐形瓶使固體完全溶解。加入酚酞指示劑數滴後，分別 HCl 標準溶液滴定到粉紅色剛剛消失，記錄 HCl 標準溶液滴定到粉紅色剛剛消失，記錄 HCl 的用量，相當於到達第一當量點。加入甲基橙一溴甲酚綠指示劑 3～5 滴，溶液呈黃綠色，繼續滴定至淡茶褐色，暫停滴定。加熱溶液微沸兩分鐘趕出 CO_2（加熱時一面搖動錐形瓶，使 CO_2 容易逸出）。冷卻至室溫後繼續用 HCl 標準溶液滴定，（一滴一滴小心滴定）溶液變灰色即為滴定終點。記錄所用的 HCl 標準溶液之體積。

若在趕出 CO_2 之前滴定已超過終點，可用標定的氫氧化鈉反滴定過量的酸。

❖ 結果及討論

1. 實驗數據

HCl 標準溶液之當量濃度為______N。

粗鹼試樣號碼	甲瓶	乙瓶	丙瓶
粗鹼試樣重量	g	g	g
滴定前 HCl 溶液初讀數	mL	mL	mL
第一當量點 HCl 溶液讀數	mL	mL	mL
第二當量點 HCl 溶液讀數	mL	mL	mL
第一當量點 HCl 溶液用量	mL	mL	mL
第二當量點 HCl 溶液用量	mL	mL	mL
滴定鹼總量所需 HCl 之當量數以 Na_2CO_3 計，鹼之總莫耳數	mol	mol	mol
試樣中 Na_2CO_3 之重量	g	g	g
Na_2CO_3 在粗鹼中之重量百分比	%	%	%

2. 討論

⑴在實驗步驟中，加熱趕出 CO_2 以後，溶液的 pH 值有什麼變化？

⑵為何使用混合指示劑？

實驗十九　過錳酸鉀的氧化還原滴定

❖目的

標定過錳酸鉀標準溶液的濃度，利用已知濃度的過錳酸鉀溶液為氧化劑，滴定未知樣品中的還原劑進行氧化還原反應，即可定量未知物質中還原劑的當量數。

❖概論

1. 過錳酸鉀的氧化性

在酸性溶液時，過錳酸根離子會進行氧化還原反應，其半反應式為：

$$MnO_4^- + 8H^+ + 5e \rightarrow Mn^{2+} + 4H_2O \quad E^0 = 1.51V$$

過錳酸根離子是一很強的氧化劑，它與大部分還原劑都會非常快速反應，由其很大的還原電位可以看出。在反應中過錳酸根離子由紫黑色被還原為無色的二價錳離子。所以不需使用指示劑，可以用肉眼判斷滴定終點。

但是因過錳酸根離子，具有很強的氧化力，也會與溶液中的分子發生反應，例如與水分子發生如下反應：

$$4MnO_4^- + 2H_2O \rightleftharpoons 4MnO_2 + 3O_2 + 4OH^-$$

此一反應會受到溶液中所產生的離子、酸鹼和熱所催化，尤其是反應中所產生的二氧化錳，會進行自身催化反應（autocatalysis），因此在實驗中，裝備過錳酸鉀溶液時，需先將溶液中多餘的二氧化錳固體先過濾除去，以減低上項反應所造成的誤差。

2. 過錳酸根離子濃度的標定

基本標準通常以草酸鈉，氧化鉀或純淨的鐵等來標定過錳酸根離子。以草酸鈉標定過錳酸鉀為例，反應式為：

$$2MnO_4^- + 5C_2O_4^{2-} + 16H^+ \rightarrow 2Mn^{2+} + 10CO_2 + 8H_2O$$

化學家Mc Bride等人曾經對標定方法做詳細的研究，Mc Bride法是將反應溫度控制在60～90℃，然後進行滴定，直至出現紅色並維持30秒以上為終點；Flowler與Bright則指出以上述Mc Bride方法進行滴定時，約有0.1～0.4%的草酸會和空氣產生反應，而且在熱溶液當中，反應所產生的過氧化物會迅速分解而造成0.2～0.8%的誤差。

為了避免上述反應所造成的誤差，Flowler和Bright建議，在室溫時，先加入約90～95%的過錳酸根溶液，先和大部分的草酸根離子反應後再加熱至55～60℃然後再進行滴定至反應終點，如此可避免由空氣和草酸根反應所產生的誤差。

❖藥品

過錳酸鉀	
草酸鈉	
硫　酸	0.9M
濃鹽酸	

❖器材

燒　杯	1L	1個
燒　杯	400mL	2個
燒　杯	250mL	1個
錐形瓶	500mL	1個
有蓋玻璃瓶	1L	1個
細孔玻璃過濾漏斗		1組
蒸發皿	100mL	1個
溫度計	100℃	1支
滴定管及滴定管架		1組

電爐或本生燈		1個
量　筒	10mL	1個
滴　管	1	1支
錶玻璃		1片
稱量瓶		1個
玻　棒		1支
濾　紙		

❖實驗步驟

1. 製備 0.02M 過錳酸鉀溶液

準確稱取3.2克過錳酸鉀，溶於1升的蒸餾水中，加熱至沸騰並保持高溫約1小時，加蓋冷卻放置過夜，再用細孔玻璃過濾漏斗過濾除去二氧化錳固體，將溶液儲存於乾淨的玻璃瓶中並置於暗處備用。製備0.9M硫酸，取50毫升濃硫酸倒入盛蒸餾水的大燒杯，稀釋到1升。

2. 標定過錳酸鉀溶液—Mc Bride Method

將草酸鈉在110～120℃烘箱中乾燥1小時並置於乾燥器中冷卻備用，取出乾燥器中的草酸鈉，精確稱0.1～0.2克至毫克放入400毫升的燒杯中。以約125毫升的0.9M硫酸將試樣溶解。加熱此溶液至80～90℃，在攪拌狀態下用過錳酸鉀溶液滴定。過錳酸鉀溶液必須緩慢加入，等溶液粉紅色消失後再加入下一滴。[註1、2]。溫度若低於60℃，則必須重新加熱，當溶液粉紅色維持30秒不消失，即是滴定終點[註3，4]。

註1：應立刻把濺於燒杯壁上的過錳酸鉀液滴立即洗入溶液中。

註2：如果過錳酸鉀加入太快，則會有二氧化錳隨著二價錳生成，使溶液呈淡棕色，可是這並不是太嚴重的問題，經過一段時間後，剩餘的草酸根離子會繼續還原二氧化錳為二價錳離子，在當量點將溶液中絕對不可以有二氧化錳存在。

註3：在測量過錳酸鉀之體積時，須以液體表面為依據，或者以足夠燈光表現出液面最低的凹面。

註4：過錳酸鉀標準溶液不可在滴定管中停留太久，否則有部分過錳酸鉀分解為二氧化錳，所生成的二氧化錳殘留在滴定管中及玻璃塞上，可用含有3%氯化亞錫的1M硫酸溶液洗除去。

以 125 毫升 0.9M 硫酸作一次空白滴定。

3. 以草酸鈉標準過錳酸鉀溶液—Fowler-Bright Method

將草酸鈉在 110～120℃ 烘箱中乾燥 1 小時並置於乾燥器中冷卻備用。取出乾燥器中的草酸鈉，精確稱 0.2～0.3 克至毫克放入 400 毫升燒杯中，用約 125 毫升的 0.9M 硫酸溶解試樣。以估計用量所需的 90～95% 過錳酸鉀溶液，在室溫時一次加入於草酸鈉溶液中。靜置溶液澄清後加熱至 55～60℃，並完成滴定。用 125 毫升 0.9M 硫酸作一次空白滴定。

4. 測定市售雙氧水的當量濃度

以吸管取 10.00mL 市售雙氧水於 1L 量瓶，加蒸餾水稀釋雙氧水到刻劃後反轉搖動使其均勻混合。吸取 10.00mL 的稀雙氧水於燒杯，加入 15mL 3M 硫酸，以標定過的過錳酸鉀標準溶液滴定。

❖ 結果與討論

實驗步驟 2

	第一次	第二次	平均
$Na_2C_2O_4$重量	g	g	
滴定所用 $KMnO_4$ 體積	mL	mL	
空白滴定所用 $KMnO_4$體積	mL		
標定的 $KMnO_4$ 濃度	M	M	M

實驗步驟 3

$Na_2C_2O_4$ 重量	g	g	
滴定所用 $KMnO_4$ 體積	mL	mL	
空白滴定所用 $KMnO_4$體積	mL		
標定的 $KMnO_4$ 濃度	M	M	M

實驗步驟 4

	第一次	第一次	平均
滴定所用 $KMnO_4$ 體積	mL	mL	
H_2O_2 濃度	M	M	M

1. 做空白實驗的用意何在？
2. 在實驗過程中為何使用硫酸？有何目的？
3. 為何在實驗過程中將溫度控制在 60～90℃。
4. 寫出過錳酸鉀與雙氧水的氧化還原反應式。

實驗二十　試樣中維生素 C 含量之測定

❖目的

藉著碘溶液與維生素 C 的氧化還原滴定，決定試樣中含維生素 C 的含量

❖概論

維生素C學名為抗壞血酸（ascorbic acid），在人體內有許多作用，其中之一是使受傷的組織復原。因此，當一個人受傷時，需要補充比一般正常時需要的更多的維生素 C（與維生素 E 及 K）。維生素 C 的分子結構為：

```
       H    OH   H    OH  OH
       |    |    |    |   |
HO  —  C  — C  — C  — C = C — C = O
       |    |    |          |
       H    H    └─── O ────┘
```

分子量為 176.1，維生素C為一種很強的化學還原劑，能夠與氧化劑的碘溶液作用來定量其含量。

維生素 C 與碘溶液的反應式為：

```
       H    OH   H    OH  OH
       |    |    |    |   |
HO  —  C  — C  — C  — C = C — C = O      +     I2
       |    |    |          |
       H    H    └─── O ────┘

                 H    OH   H    O   O
                 |    |    |    ||  ||
  ——————→ HO  —  C  — C  — C  — C — C — C = O      + 2I⁻ + 2H⁺
                 |    |    |            |
                 H    H    └──── O ─────┘
```

碘溶液以第一標準級的 As_2O_3 來標定，其反應式如下：

$$As_2O_3 + 2OH^- \rightarrow 2AsO_2^- + H_2O$$

$$AsO_2^- + I_2 + 2H_2O \rightarrow AsO_4^{3-} + 2I^- + 4H^+$$

但因As_2O_3具毒性，實驗室常改用$Na_2S_2O_3$來標定。$Na_2S_2O_3$溶液先用KIO_3標定後，再以$Na_2S_2O_3$溶液標定I_2溶液。

$$IO_3^- + 5I^- + 6H^+ \rightarrow 3I_2 + 3H_2O$$
$$I_2 + 2S_2O_3^{2-} \rightarrow 2I^- + S_4O_6^{2-}$$

每一莫耳碘酸鉀生成三莫耳碘，由生成碘的量可求得硫代硫酸鈉濃度。

❖藥品

碘化鉀	
碘酸鉀	
硫代硫酸鈉	
碘化汞	
維生素C藥片（或蔬菜汁、果汁）	
碘	
鹽　酸	1N
硫　酸	2N
澱粉指示劑	

❖器材

滴定管及滴定管架	
天　平	
燒　杯	300mL
錐形瓶（附塞）	
漏　斗	
吸　管	
玻　棒	

❖實驗步驟

1. **$Na_2S_2O_3$ 溶液之標定**

⑴取 0.12 克 KIO_3 溶於 75mL 水中，再加入不含 IO_3^- 的 KI 2 克。加入 10 毫升 1.0N HCl 後馬上用 $Na_2S_2O_3$ 溶液滴定至溶液的顏色變成淡黃色。

⑵再加入 5 毫升澱粉指示劑，以 $Na_2S_2O_3$ 溶液滴定到藍色消失為止。

2. **I_2 的標定**

⑴在 10 毫升 I_2 溶液中，加入 25 毫升煮沸的水。加入 0.25 毫升濃鹽酸，用 $Na_2S_2O_3$ 滴定至淡黃色。

⑵加入 2 毫升澱粉指示劑，繼續滴定為藍色消失為止。

3. **維生素 C 藥片含量的測定**

⑴將一片維生素藥片磨成粉末，放入於乾淨的 250 毫升錐形瓶中，蓋上塞子稱重至 0.25 克。加入 50 毫升蒸餾水，以玻棒輕輕攪拌使其完全溶解，再加入 50 毫升蒸餾水。

⑵將上層液倒入 250 毫升錐形瓶中，內有 25 毫升 2N 的硫酸，加入 3 毫升的澱粉指示劑。用標定過的 0.1N 碘溶液，滴定至藍色呈顯 30 秒為止。

註：

1. 本實驗亦可決定果汁或蔬菜汁中的維生素 C 的含量，唯限於果菜汁之顏色不得干擾滴定終點者。
2. 維生素 C 在空氣中易氧化而遭破壞，故要小心處理。
3. 澱粉指示劑須用熱水配至澄清。
4. 0.1N I_2 溶液的配法：

   稱取約 40 克 KI 放入 100 毫升燒杯中，加入 12.7 克 I_2 和 10 毫升 H_2O，攪拌使完全溶解，用過濾坩堝過濾後稀釋至 1 升。
5. 0.1N $Na_2S_2O_3$ 配法

   加熱 1 升的蒸餾水使其沸騰約 5 分鐘，冷卻後加 25 克 $Na_2S_2O_3 \cdot 5H_2O$

和 0.1 克 Na_2CO_3 攪拌使之溶解。

6. 若 I_2 的濃度為 0.1N 則 1 毫升 0.1N I_2 溶液相當於維生素 C 8.8 克

$$\frac{176}{2} \times 0.1 \times 1 \times 10^{-3} = 8.8\text{mg}$$

❖結果及討論

錐形瓶重量（ω_1）	＿＿＿＿克
錐形瓶重量＋維生素 C 藥片重量（ω_2）	＿＿＿＿克
維生素 C 藥片重（$\omega_2 - \omega_1$）	＿＿＿＿克
裝 I_2 滴定管最初讀數（V_1）	＿＿＿＿mL
裝 I_2 滴定管最後讀數（V_2）	＿＿＿＿mL
滴完所使用 I_2 體積（$V_2 - V_1$）	＿＿＿＿mL
I_2 的濃度	＿＿＿＿N
1mL I_2 相當於	＿＿＿＿mg　維生素C
維生素 C 含量	＿＿＿＿克
維生素 C 含量%是	＿＿＿＿%

1. 為何澱粉指示劑需要滴定當天配裝？而不能如酚酞或石蕊一樣預先配好？

實驗二十一　化學電池的組成與電壓

❖目的

改變電極的金屬及電解液的濃度，了解化學電池組成的構造與電壓的關係。

❖概論

組成種類不同金屬的半電池時，離子化傾向小的金屬成正極而其陽離子被還原而析出金屬。另一成離子化傾向大的金屬成負極而成陽離子溶解於電解液中，而金屬的離子化傾向差愈大所產生的電壓愈大。

丹尼耳電池的構造以下式啟示

$$(-)\ Zn|Zn^{2+}_{aq}||Cu^{2+}_{aq}|Cu\ (+)$$

當 $ZnSO_{4(aq)}$ 和 $CuSO_{4(aq)}$ 濃度各為 1mol/L 時，在 25℃ 為 1.10V。

設在丹尼耳型的電池中將金屬的種類使用 M_1 及 M_2 時，此電池$(-)\ M_1|M_1{}^{m+}_{aq}||M_2{}^{n+}_{aq}|M_2\ (+)$的電壓可以下列方式推知。在負極的反應以金屬 M_1 離子化傾向愈大即 M_1 愈易被氧化的傾向愈大愈容易進行；在正極的反應以金屬 M_2 離子化傾向愈小即陽離子的 M_2^{n+} 愈易被還原的傾向愈大愈容易進行。

負極的半電池反應　$M_1 \rightarrow M_1^{m+} + me^-$

正極的半電池反應　$M_2^{n+} + ne^- \rightarrow M_2$

因此可知 M_1 的離子化傾向大，M_2 有離子化傾向小時電池反應易進行而電壓愈大即兩種金屬的離子化傾向愈大，隨之而起的電壓亦大。

設金屬 M_1、M_2、M_3 的離子化傾向為 $M_1 > M_2 > M_3$ 時，可認為 M_1 與 M_3 所成的電池的電壓為 $E(M_1 - M_3)$ 為最大而成立下列關係式

$$E(M_1 - M_2) + E(M_2 - M_3) = E(M_1 - M_3)$$

在負極半反應電池的反應為電解液$M_1^{m+}{}_{aq}$濃度增加的反應，因此可認為〔M_1^{m+}〕濃度愈小時易容易溶解出M_1。在正極半反應電池的反應為電解液 $M_2^{n+}{}_{aq}$濃度減少的反應，因此可認為〔M_2^{n+}〕濃度愈大，愈容易析出M_2。因此可知負極電解液濃度愈小，正極電解液濃度愈大，電壓愈大。

❖藥品

硫酸銅溶液	1M
硫酸鋅溶液	1M
硝酸銀溶液	1M
硝酸鉀溶液（飽和）	
銅　片	
鋅　片	
銀　片	

❖器材

燒　杯	（100mL）
量　瓶	（100mL, 500mL）各一個
鹽　橋	外徑 8mm 玻璃管彎成 U 型內裝硝酸鉀飽和溶液兩端塞棉花的
電　線	（附鱷魚夾）
直流電壓計	
攪　拌	

❖實驗步驟

1. 將金屬M_1浸於裝 1M　M_1^{m+} 溶液的燒杯中為M_1/M_1^{m+}(1M)的半電池，金屬 M_2 浸於裝 1M　M_2^{n+} 溶液的燒杯中為 M_2/M_2^{n+}(1M)的半電池，以鹽橋連接向燒杯或如圖 21-1 所示丹尼耳型的電池，連接電壓計後如下表方式組合測量電壓。

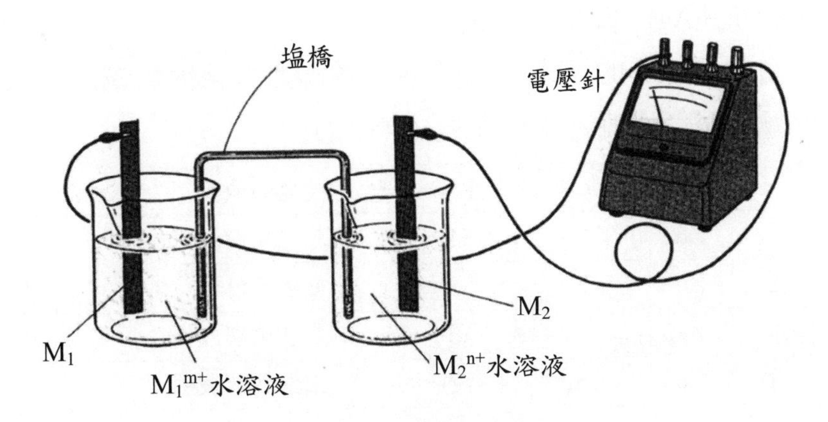

圖 21-1　電壓的測量

(1)負極　Zn/Zn^{2+}(1M)　正極　Cu/Cu^{2+}(1M)

(2)負極　Cu/Cu^{2+}(1M)　正極　Ag/Ag^{+}(1M)

(3)負極　Zn/Zn^{2+}(1M)　正極　Ag/Ag^{+}(1M)

2. 使用量筒及量瓶，將各電解液衝淡 10 倍 0.1M的電解液，以下列(4)～(7)的方式組合丹尼耳型電池並測量各電池的電壓。

(4)負極　Zn/Zn^{2+}(0.1M)　正極　Cu/Cu^{2+}(0.1M)

(5)負極　Zn/Zn^{2+}(0.1M)　正極　Cu/Cu^{2+}(0.1M)

(6)負極　Zn/Zn^{2+}(0.1M)　正極　Ag/Ag^{+}(0.1M)

(7)負極　Cu/Cu^{2+}(0.1M)　正極　Ag/Ag^{+}(0.1M)

❖結果與討論

1. 各丹尼耳型電池的電壓測定結果表示如下表。

實驗號碼		負極半電池	正極半電池	電壓（$\bar{V}$）
1.	(1)	Zn/Zn^{2+}(1M)	Cu/Cu^{2+}(1M)	
	(2)	Cu/Cu^{2+}(1M)	Ag/Ag^{+}(1M)	
	(3)	Zn/Zn^{2+}(1M)	Ag/Ag^{+}(1M)	
2.	(4)	Zn/Zn^{2+}(0.1M)	Cu/Cu^{2+}(0.1M)	
	(5)	Zn/Zn^{2+}(0.1M)	Cu/Cu^{2+}(0.1M)	
	(6)	Zn/Zn^{2+}(0.1M)	Ag/Ag^{+}(0.1M)	
	(7)	Cu/Cu^{2+}(0.1M)	Ag/Ag^{+}(0.1M)	

2. 離子化傾向為Zn > Cu > Ag，因此最大的電壓是那一組合？E(Zn − Cu) + E(Cu − Ag) = E(Zn − Ag)是否成立？
3. 以實驗步驟 1 的測定值為基準，電極種類相同的電解液濃度不同的實驗步驟 2 的測定電壓比較列表如下：

	負極	正極	實驗號碼	濃度的減少	電壓差	增減
①	Zn	Cu	(4)～(1)	負極電解液		
②	Zn	Cu	(5)～(1)	正極電解液		
③	Zn	Ag	(6)～(3)	正極電解液		
④	Cu	Ag	(7)～(2)	正極電解液		

❖實驗結果（例）

在 25℃ 時實驗結果之例為：

實驗號碼		負極半電池	正極半電池	電壓（V̄）
1.	(1)	Zn/Zn^{2+}(1M)	Cu/Cu^{2+}(1M)	1.10
	(2)	Cu/Cu^{2+}(1M)	Ag/Ag^{+}(1M)	0.46
	(3)	Zn/Zn^{2+}(1M)	Ag/Ag^{+}(1M)	1.56
2.	(4)	Zn/Zn^{2+}(0.1M)	Cu/Cu^{2+}(1M)	1.12
	(5)	Zn/Zn^{2+}(1M)	Cu/Cu^{2+}(0.1M)	1.07
	(6)	Zn/Zn^{2+}(1M)	Ag/Ag^{+}(0.1M)	1.50
	(7)	Cu/Cu^{2+}(1M)	Ag/Ag^{+}(0.1M)	0.40

離子化傾向最大的Zn-Ag電池的電壓為 1.56V 即電壓亦最大，實驗(1)與(2)的電壓和為 1.10 + 0.46 = 1.56，因此可成立E(Zn − Cu) + E(Cu − Ag) = E(Zn − Ag)

電解液濃度的關係為：

	負極	正極	實驗號碼	濃度的減少	電壓差	增減
①	Zn	Cu	(4)～(1)	負極電解液	1.12～1.10	+ 0.02 加
②	Zn	Cu	(5)～(1)	正極電解液	1.07～1.10	− 0.03 減
③	Zn	Ag	(6)～(3)	正極電解液	1.50～1.56	− 0.06 減
④	Cu	Ag	(7)～(2)	正極電解液	0.40～0.06	− 0.06 減

在負極的電解液濃度減少，正極的電解液濃度增加時電壓增加。濃度改變十分之一時在 M^{2+} 有 0.03V，M^{+} 有 0.06V 的改變，其差異可能因陽離子電荷的不同而起的。

實驗二十二　空氣中二氧化氮含量的測定

❖目的

以沙耳茲曼法比色定量空氣中所含的二氧化氮

❖概論

空氣中所含的氮氧化物（NO_2 和 NO），尤其二氧化氮為生成酸雨或光化學煙霧的主要成因之一。沙耳茲曼法（Saltzmann method）以沙耳茲曼試劑為吸收發色劑與空氣中的二氧化氮反應，測定所產生的偶氮染料的橙紅色（$\lambda = 545$ nm）的吸光度來定量的。

❖藥品

三乙醇胺〔triethanolamine, $(C_2N_4OH)_3N$〕

亞硝酸鈉的標準溶液（$NaNO_2$）

稱取 1.5 克的亞硝酸鈉溶於 1 升蒸餾水中成 1 升的亞硝酸鈉溶液。以吸管準確吸取此亞硝酸鈉溶液 10mL 於量瓶中，再加蒸餾水成 1L 溶液，此亞硝酸鈉標準溶液中含 NO_2^- 10μg/mL。

沙耳茲曼試劑

燒杯內倒入約 300mL 蒸餾水，加入 30mL 磷酸（H_3PO_4）和 5g 無水對胺苯磺酸（p-amino benzane sulfonic acid, $H_2N \cdot C_6H_4 \cdot SO_3H$），攪拌使其溶解。設不易溶解時可和緩加熱並攪抖即可溶解。俟溶液冷卻後，加入 N-(1－茶)乙烯二胺二鹽酸鹽（N－(1－naphthyl) ethylene diamine・2・hydrochloride）50g，再加蒸餾水，於 1L 量瓶中使成一升沙耳茲曼試劑，保存於褐色瓶中。

❖ 器材

捕集筒（塑膠製，內徑 14mm，高度 40mm，可用裝 35mm 照像軟件盒代用）

色層分析用濾紙

滴　管

吸　管

量　瓶

天　平

光電比色討

❖ 實驗步驟

1. 製作補集筒

⑴量取 50g 的三乙醇胺溶於 50mL 蒸餾水中成 50%溶液。

⑵如圖 22-1 所示將色層分析用濾紙剪為實約 20mm，長度恰可套進捕集筒內壁的長度而放入於捕集筒中，濾紙底端以鑷子押進到筒的底部。

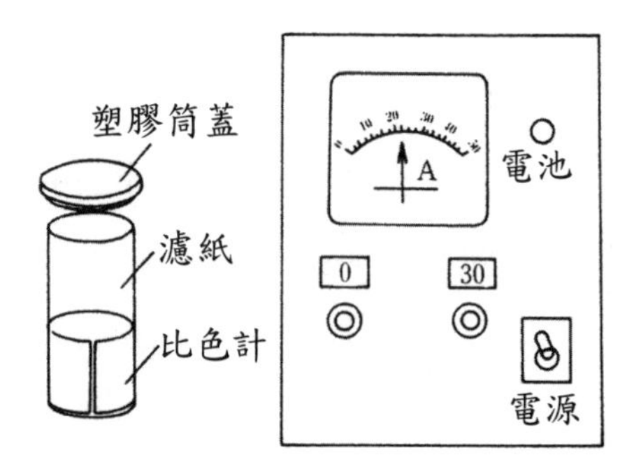

圖 22-1　捕集筒及比色計

⑶用滴管吸取三乙醇胺溶液，以手慢慢旋轉捕集筒，滴四滴三乙醇胺溶液於濾紙上使其滲入濾紙並立即加蓋。

⑷在要測量空氣中含二氧化氮的場所（屋頂或公路邊）將捕集筒蓋取下並使筒倒立，以膠帶固定筒。避免陽光晒到或雨水直接降下的場所。

⑸放置 24 小時後，將捕集筒加蓋回收。

2. 製作校準曲線

製作亞硝酸根離子 NO_2^-（二氧化氮溶於水時生成的離子之一種）

量與比色計數值的相關曲線。

⑴製作亞硝酸鈉標準溶液。

⑵準備步驟 1 之⑵的捕集筒 6 支後，以吸量管將亞硝酸鈉標準溶液分別加 0.2, 0.4, 0.8, 1.0, 1.2mL 於各捕集筒中並各加入沙耳兹曼試劑使各筒內的溶液全量都是 5mL。

⑶放置 15 分鐘完全發色後，以光電比色計測量各筒中溶液的數值，畫出校準曲線如圖 22-2。

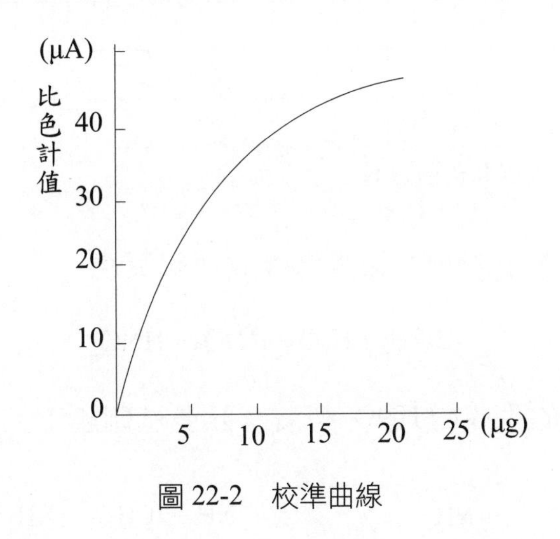

圖 22-2　校準曲線

3. 測量二氧化氮的含量

⑴打開由各地區所回收的捕集筒之蓋，各加入沙耳兹曼試劑 5mL。放置 15 分鐘使各筒中溶液完全發色。

⑵將各筒溶液放在光電比色計，讀取光電比色計的讀數並由校準曲線求得亞硝酸離子的量。

❖結果及討論

實驗記錄

實驗號碼	1	2	3	4	5
放置地點					
放置時間					
比色計讀數					
二氧化氮量					
ppm					

註：波耳茲曼試劑發色的原理

空氣中的 NO_2 被濾紙吸收而起反應

$$2NO_2 + H_2O \rightarrow HNO_3 + HNO_2$$

此反應的生成的 HNO_2 與波耳茲曼試劑起下列反應。

HNO_2 + (對胺基苯磺酸：NH_2、SO_3H 取代苯環) + (萘環上接 $NH-(CH_2)_2-NH_2$)

波耳茲曼試劑

→ (萘環上接 $NH-(CH_2)_2-NH_2$，另一端 $N=N$ 連接苯環，苯環上接 SO_3H) + H_2O

生成物為一種桃紅色的偶氮染料，生成量愈多時溶液的顏色愈濃。因此在光電比色計測量吸光度，可得所吸收的二氧化氮之量。

實驗二十三　測定水的總硬度

❖目的

使用乙二胺四乙酸（EDTA）標準溶液滴定自然水中所含的鈣離子及鎂離子，以求水的總硬度。

❖概論

含有鈣和鎂鹽類的水稱為硬水。在硬水中用肥皂時，此兩種離子能夠使肥皂的沉澱不易溶解而降低清潔效果，因此必須加以軟化。

$$Ca^{2+} + 2C_{17}H_{35}COO^{-} \rightarrow Ca(C_{17}H_{35}COO)_2 \downarrow$$
$$Mg^{2+} + 2C_{17}H_{35}COO^{-} \rightarrow Mg(C_{17}H_{35}COO)_2 \downarrow$$

肥皂成分

含有鈣離子和鎂離子的碳酸氫鹽之水稱為暫時硬水。暫時硬水加熱後生成沉澱，過濾或取其上澄液就可軟化適合於洗衣或其他用途。

$$Ca(HCO_3)_2 \rightarrow CaCO_3 + H_2O + CO_2 \uparrow$$
$$Mg(HCO_3)_2 \rightarrow MgCO_3 + H_2O + CO_2 \uparrow$$

水中含鈣和鎂離子外，含有硫酸根離子或氯離子的水稱為永久硬水。永久硬水不能以加熱方式軟化，必須加碳酸鈉等化學藥品處理或以離子交換法使其軟化。

無論是暫時硬水或永久硬水，在家庭或工業上長期使用時都會產生障害。飲用水的硬度高時影響腸胃的消化功能，甚至引起結石病症。工業上以高溫水汽為熱源或動力來源時，易引起鍋爐或導管產生碳酸鈣、碳酸鎂或硫酸鈣等沉澱成為鍋垢減低導熱效果外，阻塞導管因壓力過大引起爆炸的危險。一般飲用水中總硬度（以 $CaCO_3$ 計）不超過 450mg/L 為限。

硬水總硬度的測定，適常在緩衝溶液存在時，使用鉻黑 T 為指示劑，以乙二胺四乙酸（EDTA）標準溶液滴定來求得。在 pH 6.3 到 11.3 時的水溶液中鉻黑 T 呈藍色。但與 Ca^{2+} 或 Mg^{2+} 結合形成紫紅色的錯合物，因此可使溶液呈紫紅色，如以 EDTA 滴定到當量點時溶液又呈藍色。Mg^{2+} 與鉻黑 T 所生成的錯合物較與 Ca^{2+} 所生成的錯合物安定，因此含 Mg^{2+} 很少或沒有含 Mg^{2+} 的水試樣，滴定終點的變色不夠顯明，這時在試樣水中加入少量的 $Mg\ Na_2Y$ 溶液時，可改善滴定的終點。

❖藥品

碳酸鈉，在烘箱 110℃ 乾燥 2 小時後做一級標準。

鹽酸（1：1）

乙二胺四乙酸二鈉（Na_2H_2Y）

緩衝溶液　67 克氯化胺溶於蒸餾水 300mL 後，加氨水 500mL 再加蒸餾水或 1L 溶液。（pH＝10）

鉻黑 T（Eriochrome Black T）指示劑

稱取 1 克鉻黑 T 與 100 克純氯化鈉混合，在研缽研磨成細粉後貯藏於玻璃乾燥器中。

Mg-EDTA 溶液　稱取 5.0 克 $MgNa_2Y \cdot 4H_2O$ 溶於 1L 水中。如購買不到可自配：稱取 $MgCl_2 \cdot 6H_2O$ 2.44 克及 $Na_2H_2Y \cdot 2H_2O$ 4.44 克溶於 200mL 水中，加入緩衝溶液 20mL 及少量鉻黑 T 使溶液呈紫紅色。滴加 0.02M EDTA 溶液至溶液變藍色為止，加水稀釋成一升溶液。

三乙醇胺溶液〔$N(CH_2CH_2OH)_3$〕（1：4）

EDTA 溶液（0.02M）稱取 $Na_2H_2Y \cdot 2H_2O$　7.5 克於燒杯，加入 500mL 水後一面攪拌一面加熱使其完全溶解，冷卻後移至量瓶中加水稀釋為一升溶液。

鈣標準溶液（0.02M）　稱取約 0.5 克的碳酸鈣（移到第 4 位）。將此碳酸鈣加入於 100mL 燒杯中滴加數滴蒸餾水使其濕潤後，蓋上錶玻璃並滴加鹽酸溶液到碳酸鈣完全溶解為止。加入 20mL 水並以小火煮沸 2 分鐘。冷卻後移至 250mL 量瓶。用水洗燒杯數次，洗液全倒入量瓶中，最後加水至全容積為 250mL。

器材

燒　杯
錐形瓶
量　瓶　　250mL, 1L
錶玻璃
研　缽
本生燈
天　平
烘　箱
滴定管

實驗步驟

1. 標定 EDTA 標準溶液

正確量取25.00mL鈣標準溶液於錐形瓶中，加入50mL水及3mL的Mg-EDTA 溶液，滴加15mL EDTA 標準溶液後，加入5mL 緩衝溶液及少量鉻黑 T 指示劑，再用 EDTA 標準溶液滴定至溶液顏色由紫紅色變為藍色為止。以同樣步驟滴定三次，以平均體積計算 EDTA 標準溶液的濃度。

2. 試樣水總硬度的測定

井水、泉水、河川水、溫泉水或自來水都可做試樣水。量取100mL試樣水放入於錐形瓶。加入5mL的緩衝溶液及少量鉻黑T指示劑。使用 EDTA 標準溶液滴定，滴定過程中不時搖盪錐形瓶，滴定到溶液顏色由紫色變藍色為止。以同樣步驟實驗三次，從使用的 EDTA 標準溶液的平均體積計算水的總硬度以 $CaCO_3$mg/L 表示。

❖結果及討論

1. EDTA 標準溶液的標定

實驗所用鈣標準溶液 m・mol，數________

滴定所需 EDTA 體積____________

EDTA 標準溶液的濃度__________

2. 試樣水中總硬度的測定

實驗號碼	
採水日期	
採水地點	
試樣體積	
消耗的 EDTA 體積	
總更表（$CaCO_3$ mg/L）	

3. 實驗（例）

標定 EDTA 標準溶液的濃度

使用的 EDTA 標準溶液的體積　23.80mL

23.51mL

23.98mL

平均 23.76mL

$$25.00\text{mL} \times 0.02\text{M} = 23.76\text{mL} \times ?\ \text{M}$$

$$?\ \text{M} = 0.210$$

∴EDTA 標準溶液的濃度為 0.210 M

自來水的硬度之測定

100mL 自來水三次滴定所用的 EDTA 標準溶液為：

18.85mL

19.20mL

19.02mL

平均 19.02mL

消耗的 EDTA m・mol 數 $= 19.02 \times 0.0210 = 0.3994$mmol

一升自來水消耗 EDTA m・mol 數應為

$$0.3994\text{mmol}/100\text{mL} = 3.994\text{mmol/L}$$

$$CaCO_3 \text{ 式量} = 100.1\text{mg/mmol}$$

∴總硬度為 $3.994\text{mmol/L} \times 100.1\text{mg/mmol} = 399.8\text{mg/L} = 399.8\text{ppm}CaCO_3$

實驗二十四　測量水中的溶氧量

❖目的

以疊氮化鈉固定水中的溶氧之方法測定在水中溶存的氧之量

❖概論

水中溶存的氧愈多時水的污染度愈低，因為可做污染指標的具還原性質的量多時，消耗水中的氧而減少氧的溶存量。

水為維持生物生命必須的物質，在動植物組織中含水份很多，人體中約佔 70%，有的生物體甚至 90% 為水份。地球表面約 70% 被水覆蓋。自然水中雨水較純淨外，其他的自然水都溶一些鹽類其他雜質。隨著人類生活品質的提昇及工業的發達，水污染問題愈來愈嚴重。過去在水溝、小溪及田園常見的蝌蚪、青蛙、小魚及泥鰍等幾乎看不到，因水污染所起水中溶氧量減少是其主因之一。

湖泊或河水常含有少數有機物，經水中存在的微生物分解，一部分變成水和二氧化碳，一部分被微生物攝取以增進其繁殖，此反應稱為自然水的自淨作用。可是流入水中有機物增加很多時，雖然可促進水的自淨作用而急速增加微生物的細胞數，結果消耗更多水中的溶氧量。因此，水中有機污染物質的增加，減少水中生物生存所需要的氧，不但影響水中生物的生存，破壞水的自淨作用。

氧在水中的溶解量很少，在 20℃時通常為 9.2 毫克／升，但為水中生物生存所需要。水中溶氧（dissolved oxygen, DO）的來源為水藻類植物經光合作用所產生的氧外，水面與空氣接觸時，空氣中的氧溶解於水的。水中溶氧量愈多，水所受的污染愈少。

加氫氧化鈉溶液於硫酸亞錳溶液時，生成白色的氫氧化亞錳沉澱。

$$Mn^{2+} + 2OH^- \rightleftharpoons Mn(OH)_2$$

此白色沉澱與水中的溶氧反應，生成褐色的氫氧化錳醯沉澱。

$$Mn(OH)_2 + \frac{1}{2}O_2 \rightleftharpoons MnO(OH)_2$$

本實驗利用疊氮化鈉測量生成的氫氧化錳醯的方式求水中的溶氧量。

❖ 藥品

硫酸亞錳溶液〔manganese (II) sulfate, $MnSO_4 \cdot 4H_2O$〕

稱取硫酸亞錳晶體（$MnSO_4 \cdot 4H_2O$）480g 加蒸餾水，在量瓶中成 1L 溶液，濃度約 2.15M。

鹼性碘化鉀，疊氮化鈉溶液

稱取氫氧化鉀（KOH）700g，碘化鉀（KI）150g，疊氮化鈉（NaN_3）10g，使各試劑溶於蒸餾水後將三種溶液倒入 1L 量瓶中，再加蒸餾水成 1L 溶液。

澱粉溶液

稱取可溶性澱粉 1g 於燒杯中，加蒸餾水約 10mL 攪拌混合後再加入蒸餾水成 100mL。加熱並攪拌使其完全溶解後冷卻到室溫，使用其上澄液。澱粉溶液易腐敗，使用時調配。

硫代硫酸鈉溶液（sodium thiosalfate, $Na_2S_2O_3 \cdot 5H_2O$）　0.025N　稱取 6.2g $Na_2S_2O_3 \cdot 5H_2O$ 溶於水後在量瓶加水成 1L 的硫代硫酸鈉溶液。此溶液在每次使用前以 0.0500N 碘酸鉀溶液來標定。

碘酸鉀溶液（potassum iodate, KIO_3）8.33×10^{-3}mol/L，0.0500N　稱取最純級碘酸鉀約 2g 於烘箱加熱到 120～180℃ 乾燥約 2 小時後，於玻璃乾燥器放冷到室溫。仔細稱量 1.78g 溶解於蒸餾水成 1L 溶液。

碘化鉀溶液（potassium iodide, KI）　3M

稱取 50g 的碘化鉀溶於水成 100mL 碘化鉀溶液。

硫酸溶液 6mol/L，12N

取濃硫酸（18mol/L，36N）以體積比 1：2 方式與水混合成 6M 硫酸。此稀釋硫酸過程為放熱反應，因此在大量水中每次加少量濃硫酸並輕輕攪拌方式進行。

❖器材

燒　杯	100mL, 200mL
量　瓶	100mL, 1000mL
錐形瓶	200mL
廣口瓶	100mL, 200mL
吸量管	1mL, 2mL, 4mL, 10mL
滴定管及滴定管架	
天　平	
玻璃乾燥器	
烘　箱	
本生燈	

❖實驗步驟

1. 溶氧的固定：此一步驟在採水地區進行。

⑴將採取的水，以不產生氣泡的方式倒入於廣口瓶中約100mL。

⑵使用吸量管沿瓶內壁分別加入0.5mL的硫酸亞錳溶液，0.5mL的鹼性碘化鉀疊氮化鈉溶液於廣口瓶底部。加蓋於廣口瓶，使過剩的溶液從瓶口逸出瓶外，使瓶內溶液體積保持一定。

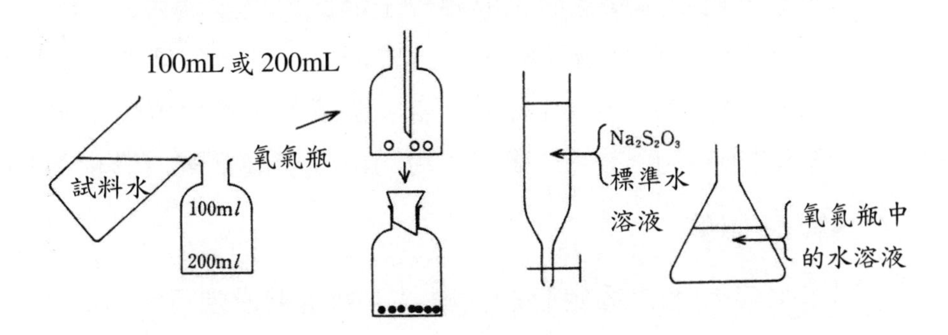

圖24-1　溶存氧的固定與其定量

⑶用手指壓住瓶塞，倒置廣口瓶數次使生成的沉澱能夠分散到全體

溶液混合均勻。此一操作為溶氧的固定步驟。在採水現場進行溶氧的固定後，帶回實驗室進行下列分析定量的步驟。

2. 溶氧量的定量

⑴靜置廣口瓶，使沈澱沈於瓶底部位後，使用吸量管將6M硫酸1mL沿瓶內壁加入於瓶的底部。其後立即加蓋並使廣口瓶倒置數次使沉澱溶解。此時與溶氧量相當的碘分子（I_2）生成而溶液變黃色。

⑵將廣口瓶內的溶液移到200mL體積的錐形瓶。以少量的蒸餾水洗廣口瓶，洗液亦要倒進於錐形瓶中。

⑶預先以硫代硫酸鈉溶液洗滌過的滴定管中，用漏斗加入硫代硫酸鈉溶液於滴定管後，滴入於錐形瓶中到錐形瓶中溶液的黃色變淡時，加入1mL澱粉溶液於錐形瓶中使水溶液呈藍色。繼續滴入硫代硫酸鈉溶液到藍色剛消失時讀取使用的硫代硫酸鈉溶液的體積，設為a mL。

3. 硫代硫酸鈉溶液的標定

雖然正確調製硫代硫酸鈉溶液，但其反應能力強，其濃度易變化，因此使用前最好使用其他試藥來補正其濃度。這時乘於設定濃度的係數稱為補正因數。其求法為：

⑴步驟2使用的滴定管中再加入硫代硫酸鈉溶液。

⑵用吸量管將0.0500N碘酸鉀水溶液10mL加入於錐形瓶中，再加水成50mL溶液後，再以吸量管加入碘化鉀溶液2mL及6M硫酸2mL。在錐形瓶中起反應而生成碘分子因此溶液呈黃色。

⑶從滴定管滴硫代硫酸鈉溶液於錐形瓶，到水溶液的黃色變淡時，加入1mL的澱粉溶液於錐形瓶，繼續滴入硫代硫酸鈉溶液到藍色剛消失時停止滴定，讀取使用的硫代硫酸鈉溶液體積為b mL

4. 溶氧量的計算

⑴水中溶氧O_2之固定時的反應以下列兩階段進行：

$$Mn^{2+} + 2OH^- \rightarrow \underset{\text{白色沉澱}}{Mn(OH)_2}$$

$$Mn(OH)_2 + \frac{1}{2}O_2 \rightarrow MnO(OH)_2$$

溶氧　　褐色沈澱

x mol　　2x mol

從一莫耳的溶氧生成二莫耳的氫氧化錳鹽

⑵溶氧量的定量

氫氧化錳鹽的定量之間階段反應為：

$$MnO(OH)_2 + 2I^- + 4H^+ \rightarrow Mn^{2+} + I_2 + 3H_2O$$

2x mol　　2x mol

$$I_2 + 2S_2O_3^{2-} \rightarrow 2I^- + S_4O_6^{2-}$$

2x mol　　4x mol

先計算硫代硫酸鈉標準溶液的補正因數 f 能夠與碘酸鉀等量

$$\frac{0.05}{1000mL} \times 10mL = \frac{0.025f}{1000mL} \times bmL，f = \frac{20}{b}$$

其次從硫代硫酸根離子 $S_2O_3^{2-}$ 4x mol 計算所對應的溶氧量 x mol。

$$4x = \frac{0.025f}{1000} \times a$$

$$x = \frac{0.025fa}{1000 \times 4} \cdots\cdots (1)$$

溶氧 x mol 的濃度 y mg/L 為

$$y = \frac{32 \times x \times 10^3 mg}{(V-1) mL} \times 1000mL/L \cdots\cdots (2)$$

⑴代入於⑵時

$$y = \frac{200fa}{V-1}$$

可求得溶氧量，此處 V 為廣口瓶的體積

⑶氧飽和度

試樣水實際的溶氧量（mg/L）與相同狀態時的氧之飽和溶氧量（mg/L）之比稱為氧飽和度，以百分率表示。

以淡水為對象時用下式計算

$$氧飽和度（\%）=\frac{D}{D_t(B/760)}\times 100$$

D 為溶氧量（mg/L）

D_t 為與試樣水同溫度純水中的飽和溶氧量（mg/L）

B（mm Hg）為採取水試樣時的大氣壓。

❖ 結果及討論

實驗記錄

實驗號碼	1	2	3
採水地點及時間			
當時氣溫及氣壓			
滴定用硫代硫酸鈉（mL）			
水中溶氧量（mg/L）			
氧飽和度（%）			

硫代硫酸鈉溶液之標定：

碘酸鉀溶液的 m．mol 數__________

滴定所用硫代硫酸鈉溶液體積__________mL

硫代硫酸鈉標準溶液濃度__________N

參致資料

純水中的飽和溶氧量（mg/L）與因水中所含氯離子量的補正

溫度（℃）	飽和溶氧量	補正值
0	14.16	0.0153
5	12.37	0.0131
10	10.92	0.0113
15	9.76	0.0099
20	8.84	0.0087
25	8.11	0.0079
30	7.53	0.0075
35	7.04	0.0074
40	6.59	—

註：此補正值為水中所含氯離子各 100mg/L 時所減少的含氧量

實驗結果（例）1996 年 3～4 月

採水地點	水中溶氧量（mg/L）	氧飽和度（%）
新店溪福利橋	8.14	88.7
新店溪中正橋	7.92	86.3
新店溪華江橋	4.55	50.5
基隆河圓山橋	3.96	43.8
台北市自來水	9.78	98.0

實驗二十五　測量自然水的化學需氧量

❖目的

以過錳酸鉀在酸性溶液的滴定方式定量化學的氧之需要量，調查水污染的程度。

❖概論

河水、池水和湖水等自然水中往往含醋酸、甲醇、酚等還原性有機物及亞硝酸鹽、亞鐵鹽、硫化物等還原性無機物，不但引起水污染並消耗水中的溶氧量。化學需氧量（Chemical oxygen demand, COD）又稱化學的氧需求量，為水中的可氧化物質受到過錳酸鉀或二鉻酸鉀等強氧化劑氧化時所消耗的氧氣量來定義。COD值愈大，水中所含還原性物質愈多，水的污染程度亦愈大。

本實驗以過錳酸鉀酸性溶液滴定方式定量水中的還原性物質，使其氧化為二氧化碳。由使用的過錳酸鉀體積計算水中的化學需氧量。

❖藥品

過錳酸鉀溶液（$KMnO_4$　0.005M　即0.025N）

稱取0.8g 過錳酸鉀晶體，在燒杯中溶於1L 的蒸餾水。溶解後將燒杯放在沸騰的水浴中加熱兩小時後放置在暗處（加玻璃或紙蓋）過夜。第二天過濾此過錳酸鉀溶液，將濾液放入於棕色瓶中貯藏。此過錳酸鉀溶液在每次做滴定實驗時，需以0.025N草酸鈉溶液來標定其確實濃度。

草酸鈉溶液（$Na_2C_2O_4$，0.0125M 即0.025N）

將草酸鈉（$Na_2C_2O_4$）在電烘箱中於150～200℃烘乾一小時後在玻璃乾燥器內放置冷卻到室溫。準確稱取草酸鈉 1.68g 溶解於蒸餾水後倒入 1L 量瓶中，加蒸餾水使總體積為 1L。

稀硫酸（sufuric acid H_2SO_4，6M）

將濃硫酸慢慢加入水中並不時輕輕攪拌，稀釋成 3 倍的硫酸溶液

❖ 器材

滴定管及滴定管架	
量　瓶　1L	
燒　杯　1L	250mL
錐形瓶	250mL
吸量管	5mL，10mL
電烘箱	
玻璃乾燥器	
本生燈	
攪　棒	

❖ 實驗步驟

1. 以吸量管取試樣水 V mL於錐形瓶中，用另一支吸量管加入 6M 硫酸溶液 10mL。
2. 預先用少量 0.025N的過錳酸鉀溶液沖洗滴定管。棄洗液後換為 0.025N 過錳酸鉀溶液。從此滴定管導入過錳酸鉀溶液 10mL於上述錐形瓶。以本生燈加熱錐形瓶使溶液沸騰約 5 分鐘。
3. 設試樣水的顏色為淡紅色時以吸量管加入 0.025N的草酸鈉溶液 10mL，使溶液顏色變為無色澄清。
4. 自滴定管滴入過錳酸鉀溶液於錐形瓶中，到溶液顏色呈淡紅色時停止滴定。讀取所使用的過錳酸鉀溶液的體積，設為 bmL。

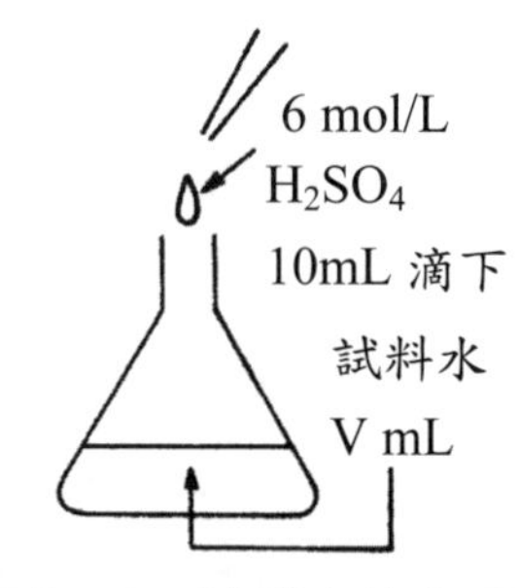

圖 25-1　試樣水的處理

5. 空白試驗

為補正由試劑或容器所附不純物的影響，以VmL蒸餾水取代試樣水，做步驟 1～4 的空白

試驗。這時所滴下的過錳酸鉀溶液為cmL。

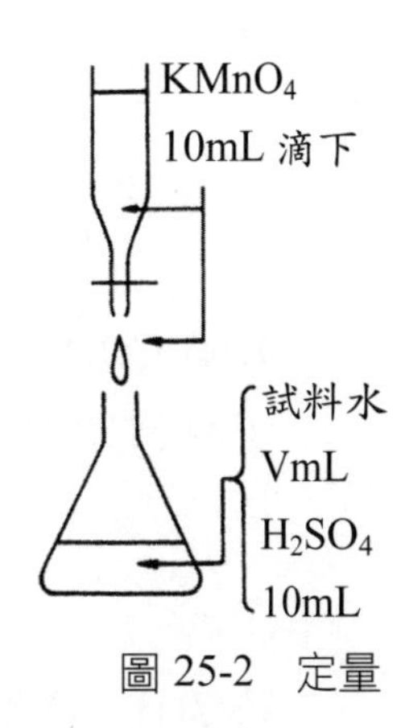

圖 25-2　定量

6. 過錳酸鉀溶液的標定

貯於棕色瓶中的過錳酸鉀溶液，因其反應性強，濃度易稍為變化，因此每使用前需重新標定。此時在設定濃度乘的係數為補正因數。

在錐形瓶中加入蒸餾水 100mL 後以吸量管加入 6M 硫酸 10mL。進一步加入 0.025N 的草酸鈉溶液 10mL。

將此錐形瓶加熱到 60～80℃。從滴定管把過錳酸鉀溶液滴入於此錐形瓶中，到其顏色自無色轉變為淡紅色時停止滴定。讀取所加過錳酸鉀溶液的體積，設為 dmL。

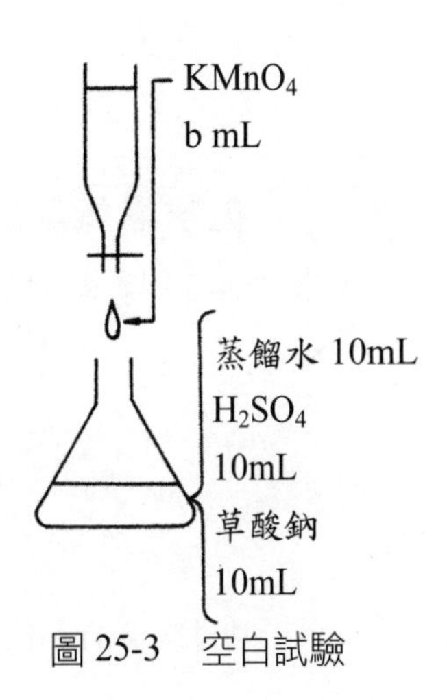

圖 25-3　空白試驗

7. 計算測定值

⑴本實驗的反應為過錳酸鉀與草酸鈉或試樣水中的還原性物質間的氧化還原反應。

$$2MnO_4^{\,-} + 5C_2O_4^{\,2-} + 16H^+ \rightarrow 2Mn^{2+} + 10CO_2 + 8H_2O$$

過錳酸鉀為氧化劑，草酸鈉或水中還原性物質為還原劑。氧化還原反應以電子的得失來看時，氧化劑所獲得電子之莫耳數應與還原劑所放出的電子之莫耳數相等。設試樣水 VmL 還原性物質所放出電子為 χmol 時，

$$\frac{0.025f\,mol}{1000mL} \times (10 + b - c)mL = \chi\,mol + \frac{0.025mol}{1000mL} \times 10mL$$

$$\chi = \frac{0.025[f(10 + b - c) - 10]}{1000} \cdots\cdots\cdots\cdots (1)$$

f 為補正因數而以下列方式求得：

在步驟 6 過錳酸鉀溶液的標定實驗，過錳酸鉀所接受電子的莫耳數與草酸鈉所放出的電子之莫耳數能夠相等的方式，滴定過程進行，

因此

$$\frac{0.025f\,mol}{1000mL} \times d\,mL = \frac{0.025mol}{1000mL} \times 10mL，f = \frac{10}{d}$$

計算 COD

設試樣水 1L 中，還原性物質所放出的電子為 y mol 時：

$$y = \frac{x}{v} \times 1000 \cdots\cdots\cdots\cdots (2)$$

將(2)代入於(1)得

$$y = \frac{0.025[f(10+b-c)-10]}{v} \cdots\cdots\cdots\cdots (3)$$

化學需氧量認為還原性物質被氧所氧化，以使用的氧量（mg/L）來表示試樣水中的還原性物質之量。到此為止的滴定是利用過錳酸鉀來氧化的。含電子的反應中以氧來氧化時，氧會被還原：

$$O_2 + 4H^+ + 4e^- \rightarrow 2H_2O$$

1mol　　4mol

即接受 1mol 電子時所必要的氧為 1/4mol，其質量為：

$$32 \times 1/4 \times 10^3\ mg = 8 \times 10^3\ mg$$

設試樣水的 COD 值為 zmg/L 時，

$$z = y \times 8 \times 10^3\ (mg)(4)$$

將(3)代入於(4)得

$$z = \frac{200 \times [f(10+b-c)-10]}{v}(mg/L)$$

❖ 結果及討論

實驗記錄

過錳酸鉀標準溶液的標定

草酸鈉溶液的 mmol 數____________

滴定所用過錳酸鉀溶液體積______mL

過錳酸鉀標準溶液濃度___________N

實驗號碼	1	2	3
取樣地點			
取樣日時			
水試樣體積			
滴定用 $KMnO_4$ 體積			
COD (mg/L)			

實驗報告（例）

採取水試樣地點：基隆河橋下

過錳酸鉀溶液的標定

$Na_2C_2O_4$　當量濃度　0.025N

$Na_2C_2O_4$　體積　10.0mL

滴定所用 $KMnO_4$ 體積　第一次　9.80mL

第二次　9.90mL

第三次　10.00mL

平均值　d = 9.90mL

$KMnO_4$ 當量濃度為　0.02525N

$$f = \frac{10}{d} = 1.01$$

水中化學需氧量的測定

試樣水體積 100.00mL

$KMnO_4$ 之當量濃度　0.02525N

		步驟 4	步驟 5
滴定所用的 $KMnO_4$ 體積	第一次	3.30mL	0.0mL
	第二次	3.00mL	0.0mL
	第三次	3.30mL	0.0mL
	平均值	b＝3.20mL	c＝0.0mL
試樣水的化學需氧量　z＝6.664mg/L			

實驗二十六　測量水中所含的氯離子

❖目的

以莫而法定量各地區自來水及排水中所含的氯離子

❖概論

莫而法（Mohr method）是氯離子或溴離子的中性或弱鹼性溶液中加鉻酸鉀為指示劑，以硝酸銀標準溶液滴定定量氯離子或溴離子的方法。

台灣各地的自來水都使用氯來滅菌，人類每日從飲食鹽分而每日平均排泄約 17 克的氯離子。氯是黃綠色具窒息性的有毒氣體，但氯離子卻廣泛分布於自然界中，不但無毒性而且為人類生活常用的物質。人類所排泄的氯離子相當安定，不被土壤粒子所吸附而溶解於地下水或河川水中產生循環作用可成為人類活動的指標。

莫而法的滴定反應

$Ag^{+} + Cl^{-} \rightleftharpoons AgCl$ (白色)　　$Ksp = 1.82 \times 10^{-10}$

終點反應：$2Ag^{+} + CrO_4^{2-} \rightleftharpoons Ag_2CrO_4$ (磚紅色)　　$Ksp = 1.2 \times 10^{-12}$

從溶度積常數一見氯化銀較大，初認為較易溶解。但鉻酸銀的$[Ag^{+}]$為平方，因此設$[Ag^{+}]$為 10^{-2}M 時，

氯化銀開始沉澱的$[Cl^{-}]$為：

$$[Cl^{-}] = \frac{Ksp}{[Ag^{+}]} = \frac{1.82 \times 10^{-10}}{10^{-2}} = 1.82 \times 10^{-8}M$$

鉻酸銀開始沉澱的$[CrO_4^{2-}]$為：

$$[CrO_4{}^{2-}]=\frac{K_{sp}}{[Ag^+]^2}=\frac{1.2\times10^{-12}}{(10^{-2})^2}=1.2\times10^{-8}M$$

因此Cl^-比$CrO_4{}^{2-}$先開始沉澱。在滴定開始時所加的Ag^+生成AgCl沉澱而呈白色混濁溶液。隨Ag^+繼續滴入，溶液中的Cl^-濃度逐漸減少，到Cl^-當量點時的Ag^+濃度為：

$$[Ag^+]=\sqrt{K_{sp}}=\sqrt{1.82\times10^{-10}}=1.35\times10^{-5}M$$

再加入Ag^+時生成磚紅色的Ag_2CrO_4沉澱，溶液由白色轉為磚紅色。開始生成Ag_2CrO_4沉澱所需$[CrO_4{}^{2-}]$為：

$$[CrO_4{}^{2-}]=\frac{K_{sp}}{[Ag^+]^2}=\frac{1.2\times10^{-12}}{(1.35\times10^{-5})^2}=6.6\times10^{-3}M$$

因此理論上鉻酸鉀指示劑在0.0066M時可得滴定終點，惟0.0066M的K_2CrO_4溶液所呈現的黃色很強，不易看出當量點的磚紅色為滴定終點，因此通常降低指示劑鉻酸鉀的濃度，需要過量的$AgNO_3$以產生Ag_2CrO_4沉澱。因此產生的誤差，用下列而法補救。

⑴空白滴定（blank titration）

在不含Cl^-的碳酸鈣混濁溶液中，加同濃度的$CrO_4{}^{2-}$溶液後，以Ag^+滴定到生成Ag_2CrO_4磚紅色沉澱所需的Ag^+之體積來做校正。

⑵在實驗時之相同狀況下，以基本標準級的氯化鈉標定要使用的硝酸銀溶液。此法不但能補償過量的$AgNO_3$問題，並可決定顏色改變的標準。

莫而法只能用於中性到弱鹼性（pH 6.5～10.3）溶液的滴定。溶液的pH值低於6.5的酸性溶液中，生成較易溶於水的二鉻酸銀沉澱，消耗更多的Ag^+。

$$Ag_2CrO_4 \rightleftharpoons 2Ag^+ + CrO_4{}^{2-}$$
$$2Ag^+ + CrO_4{}^{2-} + H^+ \rightleftharpoons HCrO_4{}^- + 2Ag^+$$
$$2HCrO_4{}^- + 2Ag^+ \rightleftharpoons Ag_2Cr_2O_7 + H_2O$$

在$pH>10.3$的強鹼溶液中亦不能以莫而法滴定，因Ag^+與OH^-反應生成氫氧化銀和氧化銀沉澱而消耗Ag^+。

$$2Ag^+ + 2OH^- \rightleftharpoons 2AgOH \rightleftharpoons Ag_2O + H_2O$$

❖藥品

鉻酸鉀溶液（potassium ehromate，K_2CrO_4）　5%

稱取 25g 鉻酸鉀溶於少量水後，滴加 5%的硝酸銀溶液（硝酸銀 1g 溶於蒸餾水 19mL 所成）到生成磚紅色沉澱為止。過濾後加水於濾液使總體積為 500mL。

氯離子標準溶液

將純粹氯化鈉於烘箱，在 110℃烘乾兩小時後，在玻璃乾燥器中冷卻至室溫。稱取此氯化鈉 1.65g 放入於燒杯中，加入蒸餾水 80mL，攪拌使氯化鈉完全溶解。將此氯化鈉溶液移至 1L 量瓶中，用少量蒸餾水洗滌燒杯 2～3 次，洗液應倒入量瓶中再加蒸餾水到總體積為 1L。此溶液的氯離子濃度為$[Cl^-]=0.0282mol/L$。

硝酸銀溶液（silver nitrate，$AgNO_3$）　0.0282M

稱取硝酸銀 4.79g（千萬不能用手指取晶體）放入燒杯中，加蒸餾水完全溶解後，倒入於 1L 量瓶中。用少量蒸餾水洗滌燒杯 2～3 次，將洗液倒入量瓶中再加入蒸餾水到總體積為 1L。將此硝酸銀溶液放入於棕色瓶保存。

❖器材

滴定管（50mL）及滴定管架

吸管及吸量管

錐形瓶（200mL）

量　瓶（500mL，1L）

燒　杯

漏　斗

過濾裝置

玻璃乾燥器

褐色瓶

攪　棒

天　平

❖實驗步驟

1. 將各地區所採集的試樣水（pH7～10的）100mL以內放在燒杯中，以吸量管吸取VmL試樣水後，導入於錐形瓶中。在此錐形瓶中再加入蒸餾水使全部體積約100mL，進一步加入約5%的K_2CrO_4溶液約1mL。

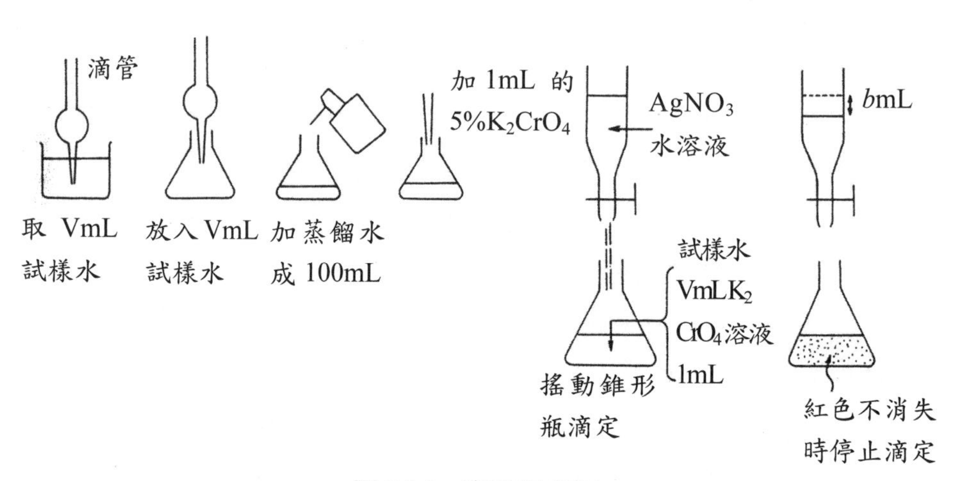

圖 26-1　實驗程序圖

2. 預先以少量的0.0282M 硝酸銀溶液冲洗滴定管後，以漏斗從滴定管上端加入硝酸銀溶液，讀取其體積讀數並記錄後，一面搖動裝試樣水的錐形瓶，一面滴加硝酸銀溶液。溶液中磚紅色出現但搖動錐形瓶時會消失但滴加到搖動錐形瓶數分鐘磚紅色仍不消失為止，為滴定的終點。到此時所加硝酸銀溶液的體積為amL。

3. 空白試驗

為補正使用的試劑或容器來的不純物的影響，以蒸餾水代替試樣水以同樣步驟進行的實驗為空白試驗。從測定值減此數值來補正。

⑴在錐形瓶中加入蒸餾水100mL後用吸量瓶加入5%鉻酸鉀水溶液1mL。

⑵將此錐形瓶搖動，如步驟2的滴定管滴入硝酸銀溶液到搖動錐形瓶數分鐘磚紅色仍不消失時為滴定終點。到此時所加硝酸銀溶液體積為bmL。

4. 約 0.0282mol/L 硝酸銀溶液的標定

硝酸銀溶液易起反應，濃度亦時常稍為改變，因此在每次使用時，最好使用其他試劑來補正其濃度。此時乘於設定濃度的係數稱為補正因數。為算出此因數，進行下列標定程序。

⑴在步驟 2 所使用的滴定管中再加入硝酸銀溶液。

⑵在 200mL 錐形瓶中以吸量管加入 20mL 的氯離子標準溶液後再加蒸餾水成 100mL的溶液。再以吸量管加入 5%的鉻酸鉀溶液 1mL。

⑶搖動此錐形瓶一面從滴定管滴入硝酸銀溶液。搖動錐形瓶數分鐘磚紅色仍未消失時為滴定終點，到此時所加硝酸銀溶液體積為cmL。

⑷算出約 0.0282mol/L 硝酸銀溶液的補正因數

以 0.0282mol/L 氯離子標準溶液為基準來計算。即 20mL 氯離子標準溶液的莫耳數對應於硝酸銀溶液真正的莫耳數（已減去空白試驗求得之值）。

$$\frac{0.0282f}{1000} \times (c-b) = \frac{0.0282}{1000} \times 20$$

$$f = \frac{20}{(c-b)}$$

5. 氯離子的定量

設試樣水中氯離子的莫耳濃度為emol/L，因 Ag^{+} 與 Cl^{-} 的莫耳數相等，故

$$\frac{e\,mol}{1000mL} \times V\,mL = \frac{0.0282f\,mol}{1000mL} \times (a-b)mL$$

$$e = \frac{0.0282f(a-b)}{V} \cdots\cdots ①$$

又設試樣水中的氯離子濃度由莫耳濃度換算為單位體積的質量濃度 g mg/L

$$g\,mg/L = \frac{e \times 35.5 \times 10^{3}mg}{1L} \cdots\cdots ②$$

①代入於②得

$$g = \frac{f(a-b) \times 1000}{V}$$

可算出試樣水中所含氯離子的濃度。式中

a 為試樣水中氯離子的量

b 為空白試驗中氯離子的量

f 為補正因數

❖結果及討論

實驗記錄

硝酸銀溶液的標定

氯離子標準溶液：氯化鈉重量______g

氯離子濃度______M

硝酸銀溶液消耗之體積______mL

硝酸銀溶液濃度__________N

實驗編碼					
取樣日期					
取樣地點					
水試樣體積					
滴定用 $AgNO_3$ 體積					
氯離子濃度 mg/L					
ppm					

實驗記錄（例）

一、空白試驗

實驗編碼	蒸餾水體積（mL）	硝酸銀溶液 g/mL
1	100	0.3
2	100	0.3
3	100	0.4
平均	100	0.33

二、硝酸銀溶液的標定及補正因數f的計算

實驗編碼	標準氯離子溶液（0.0282M）體積	硝酸銀溶液體積（mL）c	補正係數f f=20/c−b
1	20mL	18.6mL	$f=\frac{20}{18.6-0.33}=1.095$
2	20mL	18.4mL	$f=\frac{20}{18.4-0.33}=1.106$
3	20mL	18.5mL	$f=\frac{20}{18.5-0.33}=1.100$
平均	20mL	18.5mL	f=1.100

三、試樣水中氯離子濃度之測定

試樣水來源（1000mL）	硝酸銀體積（mL）				試樣水中氯離子濃度 $M=\frac{0.0282\times f\times(a-b)}{1000}$	試樣水中氯離子重量濃度 $q=e\times 35.5\times 10^3$ mg/L
	1	2	3	平均		
信義區	1.0	1.1	1.0	1.03	0.000217	7.7035mg/L (PPM)
大安區	1.0	1.2	1.0	1.06	0.0002264	8.0372
大直區	1.2	1.1	1.3	1.20	0.0002698	9.5779
景美區	1.3	1.1	1.2	1.20	0.0002698	9.5779
汐止區	1.0	1.0	0.9	0.97	0.0001985	7.0468
大安區	0.8	0.9	0.8	0.83	0.000155	5.5061
中正區	0.9	1.0	0.8	0.90	0.0001768	6.2764

實驗二十七　鐵離子的性質

❖目的

從鐵離子與亞鐵離子的反應探討各離子性質的差異。

❖概論

鐵溶解於鹽酸或稀硫酸時產生亞鐵溶液，惟亞鐵離子在空氣中緩慢氧化或遇到氯等氧化劑作用變成鐵離子。

$$Fe + 2HCl \rightarrow Fe^{2+} + 2Cl^{-} + H_2$$
$$Fe + H_2SO_4 \rightarrow Fe^{2+} + SO_4^{2-} + H_2$$
$$2FeCl_2 + Cl_2 \rightarrow 2FeCl_3$$

亞鐵氰化鉀俗稱黃血鹽，在亞鐵溶液中加入過量的氰化鉀溶液可製得。

$$Fe^{2+} + 6CN^{-} \rightarrow Fe(CN)_6^{4-}$$

蒸發溶液可得黃色的 $K_4Fe(CN)_6 \cdot 3H_2O$ 晶體。黃血鹽溶液與鐵鹽溶液反應，生成深藍色的亞鐵氰化鐵，俗稱普魯士藍。

$$4Fe^{3+} + 3Fe(CN)_6^{4-} \rightarrow Fe_4[Fe(CN)_6]_3$$

鐵氰化鉀俗稱赤血鹽，在鐵鹽溶液中加入過量的氰化鉀溶液製得。

$$Fe^{3+} + 6CN^{-} \rightarrow Fe(CN)_6^{3-}$$

蒸發溶液可得紅色的$K_3Fe(CN)_6$晶體。赤血鹽溶液與亞鐵鹽溶液反應，生成深藍色的鐵氰化亞鐵 $Fe_3[Fe(CN)_6]_2$ 沈澱，俗稱滕氏藍。

$$3Fe^{2+} + 2Fe(CN)_6^{3-} \rightarrow Fe_3[Fe(CN)_6]_2$$

在鐵溶液中加入硫氰化鉀溶液時溶液呈濃紅色，此反應用於檢驗鐵離子之用，圖 27-2 表示鐵、鐵離子及亞鐵離子的反應。

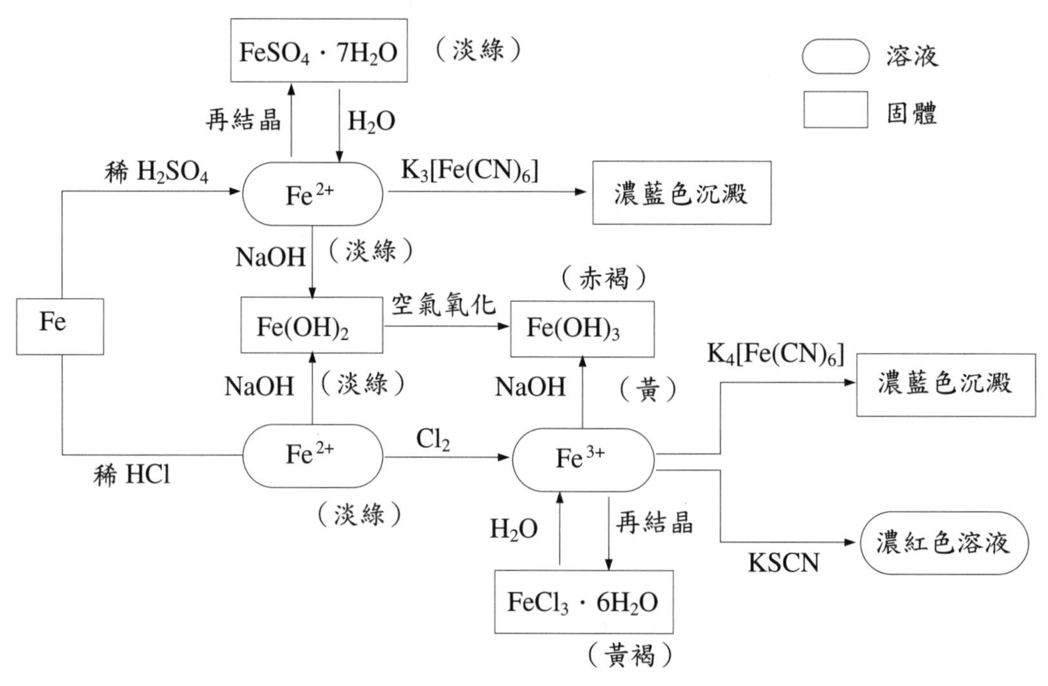

圖 27-2　鐵、鐵離子及亞鐵離子的反應

❖藥品

0.1mol/L　硝酸鐵（Ⅲ）溶液

0.1mol/L　亞鐵氰化鉀溶液

0.1mol/L　鐵（Ⅲ）氰化鉀溶液

0.1mol/L　硫氰化鉀溶液

0.1mol/L　硫酸鐵（Ⅲ）溶液

稀氨水，3%過氧化氫，鐵粉

2mol/L　硫酸

❖器材

試管及試管架

燒　杯

滴　管

濾紙，漏斗

❖實驗步驟

1. 在4支試管中各加入3mL的硝酸鐵（Ⅲ）溶液，如圖27-1所示各加1mL的(a)～(d)的試劑，觀察並記錄溶液的顏色或生成的沉澱。

   (a)稀氨水

   (b)亞鐵氰化鉀溶液

   (c)鐵（Ⅲ）氰化鉀溶液

   (d)硫氰化鉀溶液

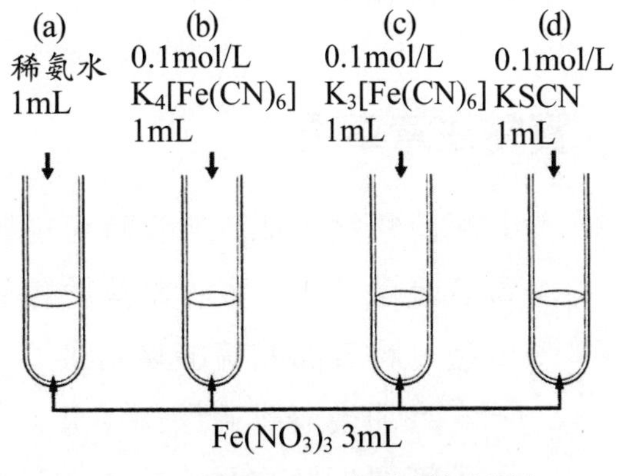

圖 27-1　實驗所加試劑

2. 硫酸鐵（Ⅱ）溶液3mL 分別放在另4支試管中，與實驗步驟1相同方式各加試劑(a)～(d)並觀察及記錄所發生的變化。
3. 實驗步驟2加稀氨水的試管內溶液移到燒杯，觀察器壁沉澱顏色。其後加入過氧化氫2～3滴與步驟1加氨水所生成的沉澱的顏色做比較。
4. 將一小匙的鐵粉放入乾淨試管中，加入2mol/L硫酸2mL後生成的氣體以空的試管反蓋上面捕集後點火。
5. 步驟4反應後加5mL水於試管並過濾除去未反應物質。將濾液三等分於三支試管，分別加入2～3滴的步驟1的(b)～(d)試劑。

❖結果及討論

1. 步驟1及2所觀察的變化，寫在下表中。

	Fe^{2+}	Fe^{3+}
稀氨水		
$K_4[Fe(CN)_6]$溶液		
$K_3[Fe(CN)_6]$溶液		
KSCN 溶液		

2. 從步驟3的實驗判斷氫氧化鐵（Ⅱ）在空氣中是不是安定的物質。
3. 氫氧化鐵（Ⅱ）與過氧化氫的化學反應式是怎樣的？
4. 將步驟5的實驗結果寫在1同樣表中，並與步驟2的結果做比較。
5. 從步驟4與5的實驗結果，以離子反應式表示鐵與硫酸的反應。

❖實驗注意事項

1. 配硝酸鐵（Ⅲ）溶液時可加數滴硝酸以防止加水分解。
2. 硫酸鐵（Ⅱ）溶液盡量於實驗前配製以免氧化。配時使用新的結晶體，將表面的硫酸鐵（Ⅲ）以少量的水洗去用預先煮沸趕出溶氧的水冷卻後溶解硫酸鐵（Ⅱ）。為防止水中的溶氧氧化亞鐵（Ⅱ）離子可加少量的亞硫酸氫鈉於溶液。
3. 步驟1不只觀察顏色的變化要注意看看有沒有沉澱的產生。
4. 步驟2亞鐵（Ⅱ）離子的實驗受鐵（Ⅲ）離子存在的影響。

   例如加硫氰化鉀溶液時變淡紅色，加亞鐵（Ⅱ）氰化鉀時所產生的白色沉澱帶藍色。在實驗時亞鐵（Ⅱ）離子會變鐵（Ⅲ）離子，因此顏色逐漸變濃。鐵（Ⅲ）離子不存在時的亞鐵（Ⅱ）離子的反應如下：

稀氨水	生成淡綠色的沉澱
$K_4[Fe(CN)_6]$溶液	生成白色沉澱
$K_3[Fe(CN)_6]$溶液	生成濃藍色沉澱
KSCN 溶液	無變化

5. 步驟3是使溶液與空氣好好接觸故移至燒杯。硫酸亞鐵（Ⅱ）溶液中加氨水時，因少量存在的鐵（Ⅲ）離子生成暗綠色沉澱。可是移至燒杯並放置時，氫氧化亞鐵（Ⅱ）被空氣氧化為氫氧化鐵（Ⅲ），器壁的沉澱顏色變為黃～黃褐色。
6. 步驟4必須遠離熱源點火。
7. 步驟5的反應液體不要倒在水槽而放在廢液用的容器中。

❖結果及討論（例）

1. 步驟 1 及 2 的結果如下表

	Fe^{3+}	Fe^{2+}
稀氨水	生成紅褐色沉澱	生成暗綠色沉澱
$K_4[Fe(CN)_6]$溶液	生成濃藍色沉澱	生成帶藍的白色沉澱
$K_3[Fe(CN)_6]$溶液	變褐色溶液	生成濃藍色溶液
KSCN 溶液	變濃紅色溶液	略帶紅色溶液

亞鐵（Ⅱ）離子不如預期的是因為硫酸亞鐵（Ⅱ）溶液中，少量存在的鐵（Ⅲ）離子及所加溶液中溶氧生成的鐵（Ⅲ）離子而產生的呈色反應混在一起之故。

2. 氫氧化亞鐵（Ⅱ）遇空氣時容易被氧化，因此在空氣中是不安定的物質。
3. $2Fe(OH)_2 + H_2O_2 \rightarrow 2Fe(OH)_3$
4. 可得步驟 1 同樣結果，從反應可知生成亞鐵（Ⅱ）離子。

$$Fe + 2H^+ \rightarrow Fe^{2+} + H_2$$

實驗二十八　兩性元素的反應

❖目的

探究兩性元素的鋁及鋅與酸及鹼的反應，鋁及鋅的化合物的性質。

❖概論

元素週期表中介於金屬元素與非金屬元素境界的鋁、鋅、錫、鉛等元素能夠溶解於酸或鹼的特性，稱為兩性元素。

$$2Al+6HCl \rightarrow 2AlCl_3+3H_2$$

$$2Al+2NaOH+6H_2O \rightarrow 2Na[Al(OH)_4]+3H_2$$

氧化鋁或氫氧化鋁可溶於酸或鹼，因此稱為兩性氧化物或兩性氫氧化物。

$$Al(OH)_3+3HCl \rightarrow AlCl_3+3H_2O$$

$$Al(OH)_3+NaOH \rightarrow Na[Al(OH)_4]$$

兩性物質的一種簡單試驗法是將這些氧化物或氫氧化物試驗是否可溶於酸及鹼溶液，設發現一種氧化物只能溶於鹼溶液時，此一氧化物可能是一種酸性氧化物而不是兩性氧化物。設一氧化物只能溶於酸性溶液而不能溶於鹼溶液時，這氧化物只是鹼性氧化物而已。

❖藥品

鋁　箔（2cm × 2cm）
稀鹽酸
稀氫氧化鈉溶液
稀氨水
0.1mol/L　硝酸鎂溶液

0.1mol/L　硝酸鋅溶液
0.1mol/L　硝酸鋁溶液

❖器材

試管　試管架
滴管
燒杯　本生燈

❖實驗步驟

1. 試管中放入鋁箔，加稀鹽酸3mL。如果反應慢時可用溫水浴加熱，反應開始時停止加熱，以乾淨試管捕集發生的氣體，點火試氣體（圖28-1）。
2. 另一支試管中放入鋁箔與1同樣步驟加3mL的稀氫氧化鈉溶液，捕集所發生的氣體並試點火實驗。

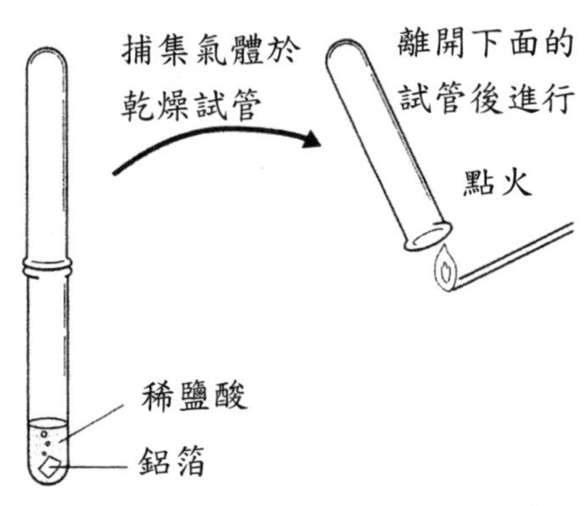

圖28-1　鋁箔與稀鹽酸的反應

3. 步驗2的溶液中加3mL的水後搖動試管混合均勻後取2mL溶液於另一試管，將2mL稀鹽酸一次加少許於溶液中並搖動試管觀察所產生的變化（生成的沉澱再溶解為止進行）。
4. 在兩支試管中分別加入2mL的硝酸鎂及硝酸鋅溶液，加少量的稀氫氧化鈉溶液以生成沉澱，其次加稀鹽酸一次加少量並搖動試管而加數次。
5. 如圖28-2所示，準備6支試管，每兩支試管中分別加入2mL的硝酸鎂溶液、硝酸鋁溶液及硝酸鋅溶液。在各對溶液中的一方加入2mL的稀氫氧化鈉溶液，另一方加入2mL的稀氨水，每次都加少量並搖動試管觀察所發生的變化。

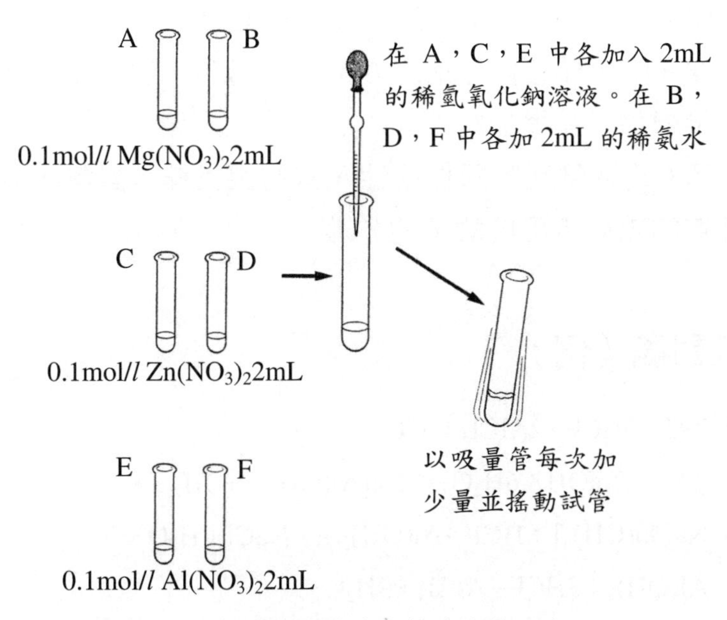

圖 28-2　各硝酸鹽溶液與鹼溶液的反應

❖結果及討論

1. 以化學反應式表示步驟 1～5 的變化。
2. 從步驟 1. 2.的實驗結果討論鋁的特性。
3. 填下表（以「沉澱」或「可溶」表示）

	Mg^{2+}	Al^{3+}	Zn^{2+}
$NaOH_{(aq)}$			
過剩的 $NaOH_{(aq)}$			
$NH_{3(aq)}$			
過剩的 $NH_{3(aq)}$			

❖實驗注意事項

1. 步驟 1 反應開始時，因反應本身為放熱反應因此使反應更激烈進行，因此加溫不要過熱，反應開始時立刻遠離火源。

2. 步驟 2 指導學生一滴一滴的滴下稀鹽酸。
3. 步驟 4 所加稀氫氧化鈉溶液不要加過剩，加過量時下一步的鹽酸消耗量增加，並增加時間。
4. 步驟 6 的實驗理解同樣兩性元素的鋁與鋅，對氨水的性質不同，此性質的差異應用於離子的分離。

❖結果及討論（例）

1. (1) $2Al + 6HCl \rightarrow 2AlCl_3 + 3H_2$

   (2) $2Al + 2NaOH + 6H_2O \rightarrow 2Na[Al(OH)_4] + 3H_2$

   (3) $Na[Al(OH)_4] + HCl \rightarrow Al(OH)_{3(S)} + NaCl + H_2O$

   $Al(OH)_3 + 3HCl \rightarrow AlCl_3 + 3H_2O$

   (4) $Mg(NO_3)_2 + 2NaOH \rightarrow Mg(OH)_2 + 2NaNO_3$

   $Mg(OH)_2 + 2HCl \rightarrow MgCl_2 + 2H_2O$

   $Zn(NO_3)_2 + 2NaOH \rightarrow Zn(OH)_2 + 2NaNO_3$

   $Zn(OH)_2 + 2HCl \rightarrow ZnCl_2 + 2H_2O$

   (5) A: $Mg(NO_3)_2 + 2NH_3 + 2H_2O \rightarrow Mg(OH)_2 + 2NH_4NO_3$

   B: $Mg(NO_3)_2 + 2NH_3 + 2H_2O \rightarrow Mg(OH)_2 + 2NH_4NO_3$

   C: $Zn(NO_3)_2 + 2NaOH \rightarrow Zn(OH)_2 + 2NaNO_2$

   $Zn(NO_3)_2 + 2NaOH \rightarrow Na_2[Zn(OH)_4]$

   D: $Zn(NO_3)_2 + 2NH_3 + 2H_2O \rightarrow Zn(OH)_2 + 2NH_4NO_3$

   $Zn(OH)_2 + 4NH_3 \rightarrow [Zn(NH)_4]^{2+} + 2OH^-$

   E: $Al(NO_3)_3 + 3NaOH \rightarrow A(OH)_3 + 3NaNO_3$

   $Al(NO_3)_3 + NaOH \rightarrow Na[Al(OH)_4]$

   F: $Al(NO_2)_3 + 3NH_3 + 3H_2O \rightarrow Al(OH)_3 + 3NH_4NO_3$

2. 鋁能夠溶於酸或鹼，故為兩性元素。
3. 步驟 1 及 2 的實驗表示兩性元素的鋁與酸或鹼反應生成氫氣。從步驟3，4的結果知金屬的氫氧化物能夠與酸反應生成鹽，因此為鹼。步驟 5 的實驗結果列表表示如下。從表可知氫氧化鋁、氫氧化鋅，兩者都能夠與鹼的氫氧化鈉反應生成鹽，因此氫氧化鋁，氫氧化鋅為酸。

	Mg^{2+}	Al^{3+}	Zn^{2+}
NaOH	沉澱	沉澱	沉澱
過剩的 NaOH	沉澱	可溶	可溶
NH_3	沉澱	沉澱	沉澱
過剩的 NH_3	沉澱	沉澱	可溶

實驗二十九　薄層層析法

❖目的

利用薄層色層分析法（thin-layer chromatography）分離食用色素。

❖概論

色層分析術（chromatography）是一種分離混合物或溶液中少量物質的方法。它利用靜止相（stationary phase）與流動相（mobile phase）間之極性不同造成不同的吸附力，藉以分離各成分。這種方法既快且簡單，其分離的結果也很好。例如金屬、染料、血液、尿素及抗生素等混合物或溶液，都可利用色層分析法有效的分離。

本實驗利用一種表面塗上矽膠的塑膠片即俗稱TLC片來進行層析工作。其方法是將欲分離之物質以毛細管點在TLC片之一端，然後將其放入一含適當溶劑（展層液）的密閉容器內。由於毛細作用，溶劑上升並帶動欲分離的物質，因分析物中各成分與TLC及展層液間之吸附力不盡相同，上升的距離有不同，可以R_f值（滯留值retention factor）來鑑定各成分。

$$R_f=\frac{D_s}{D_f}=\frac{\text{物質上升距離}}{\text{溶劑上升距離}}$$

分離後的點或帶可能呈現某種不同的顏色，有的是噴上某種化學藥品才會呈現顏色。故稱色層分析。

❖藥品

食用色素（綠色及紅色9號）	綠0.2克　紅0.1克
甲　醇	30mL
乙　醇	10mL

乙酸乙酯	8mL

❖器材

層開槽（附蓋）	2 個
量　筒　10mL	1 個
鑷　子	1 支
滴　管	1 支
毛細管	2 支
吹風機	1 支
TLC 片（2 × 5cm）	5 片
濾紙	4 張

❖實驗步驟

1. 稱取綠色色素 0.02 克，紅色色素 0.01 克，溶於 30 毫升甲醇中並保存於密閉容器內，以防甲醇蒸發。
2. 將 TLC 片裁成 2 × 5 公分大小，如下圖於兩端 0.5 公分處以軟鉛筆畫上直線條。

3. 配製如下表所示不同比例混合乙醇與乙酸乙酯所成的展層液。

編號	1	2	3	4	5
乙醇	3mL	2mL	1.5mL	1mL	0mL
乙酸乙酯	0mL	1mL	1.5mL	2mL	3mL

4. 將展層液倒入展開槽內，並將撕成四分之一的濾紙兩小片貼於廣口

瓶內側，蓋上以使瓶內充滿展層液之飽和蒸氣。以毛細管沾取少許混合色素溶液，以毛細管尖端輕輕點TLC片一端的線條中央，稍微吹乾。

5. 將TLC片有點的一端向下，以鑷子輕輕放入展層液中，注意保持水平並小心蓋上蓋子，勿振動。
6. 注意觀察，當溶劑上升至 TLC 片另一端線條時，以鑷子取出 TLC 片，俟其乾燥後於分離出點上作記號。
7. 計算D_s、D_f及R_f，找出最佳展層液之成分，並將該TLC片貼於實驗報告。

❖結果及討論

1. 綠色色素

編號	1	2	3
D_s			
D_f			
R_f			

2. 紅色色素

編號	1	2	3
D_s			
D_f			
R_f			

3. 已知R_f值會因選用的展層液的不同而異，展層液之極性如何影響R_f值？
4. 已知乙醇的極性大於乙酸乙酯，依照實驗結果，綠色或紅色色素的極性那一較大，試說明其理由。
5. 從點TLC的經驗中，你認為怎樣的操作方法可得到理想的層析圖？

實驗三十　管柱層析法

❖目的

利用在薄層層析法中所找到的最佳分離條件，以實驗學習使用管柱層法來分離食品色素。

❖概論

層析法為利用分別吸附現象使混合物分離的一種操作方法廣用於物質的精製、分離、同定及定量等方面。

把多孔性的吸附劑（adsorbent）裝在玻璃製的細管中，將欲分離的試樣放在其上面，從其上面加入溶劑做為展開劑（developer）使其與試樣各成分作用，此時流進的溶劑成溶動相（mobile phase）。流動相從含試樣的固定相（stationary phase）溶離出，但溶質通過而接觸於新的固定相時被再吸附。如此繼續展開時在固定相與流動相界面有溶離、展開反覆進行間因吸附親和力的不同而因分別吸附現象所起固定相中產生各成分的移動速度的不同。在管柱層析法利用此移動速度之差分離各成分，又在管柱由各成分的吸附帶（band）移動速度的相對值可推定各成分是什麼物質。

圖 30-1 為表示層析法的原理圖。A＋B 為試樣，L_A，L_B 為吸附帶的移動距離，管柱長度為 L_0，管柱的截面為 S，用於展開溶劑的體積為 V，溶劑含於固定相中的量為α，固定相多少倍容積的流動相流入時帶能夠自管柱下端溶離出的值為 V_r 時，展開中的帶之相對移動速度可從下列關係式求得：

$R = L_A/L_S$　展開溶劑的液面的運動 L_S 與帶運動 L_A 之比

$R_f = L_A/L_0$　浸入固定相內溶劑的長度 L_0 與帶運動之比（rate of flow）

$V_r = V/L_0S$　帶與從管柱下部溶離為止所流的溶劑量 L_0S 與管柱容量 V 之比。

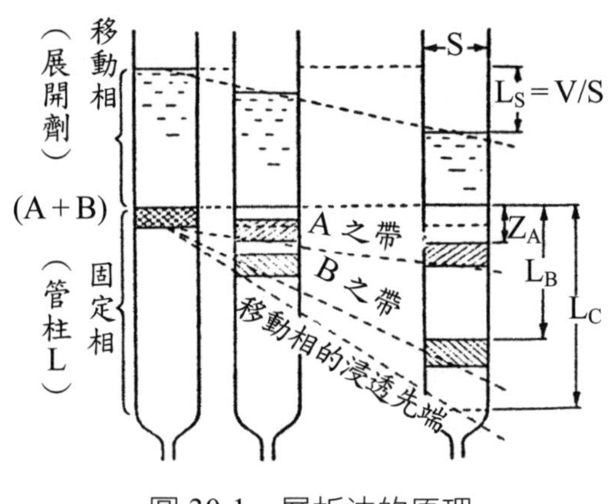

圖 30-1　層析法的原理

通常吸附劑為充分細部分散而慢慢進行展開，因此在吸附劑界面各成分的溶離、再吸附認為大致可成立下列等溫吸附平衡（adsorption isotherm）式

$$Q = M \cdot f(c)$$

Q 為溶質的吸附量

M 為吸附劑量

c 為溶存溶質的濃度

又在展開中帶的移動距離 L 由下式做近似的表現

$$L = \frac{V}{S} \cdot \frac{1}{\alpha + Mf'(c)}$$

M 為單位容積的固定相所含吸附劑量

α為固定相的空率

S 為固定相的截面

V 為用於展開所用流動相的量

在多數場合可用下式

$$f'(c)/c \doteqdot f(c)/c = K$$

K 為試樣中所含各成分的固定相、移動相關的分配係數（partition coefficient）。

❖藥品

甲　醇　（methyl alcohol　CH_3OH）
乙　醇　（ethyl alcohol　C_2H_5OH）
乙酸乙醇　（ethyl acetate $CH_3COOC_2H_5$）
食用色素　綠色及紅色九號
矽　膠　10g

❖器材

玻璃管柱
燒　杯
鐵架及鐵夾
棉　花
天　平

❖實驗步驟

1. 稱取綠色色素 0.02 克、紅色色素 0.01 克、溶解於 30mL 甲醇中，並置於密閉容器內以避免揮發做為儲備溶液（stock solution）。
2. 配製展開液。利用薄層層析法實驗所找到的最佳分離條件的乙醇及乙酸乙酯之比，配製約 100mL 的展開液。
3. 填充管柱
   ⑴取玻璃管柱一支，如圖 30-2 用鐵架及鐵夾夾住直立架起。
   ⑵加少許棉花於管柱中，並以玻璃棒輕輕壓緊棉花。
   ⑶在燒杯中加入適量的矽膠，加入配好的展開液到其液面稍微較矽膠高為止。以玻璃棒攪拌矽膠與液均勻。另一面將層開液加入玻璃管柱中到約三分之一高，把管下面的開關慢慢打開後把攪拌均勻的矽膠緩緩倒入於管中，將液面下降後再補充加入攪拌均勻的矽膠至所需要的高度。必須隨時注意管柱內的液面，不可讓矽膠

乾。

(4)保持管柱內的液面約高於矽膠 1 公分，然後關上管柱下端的開關。

4. 填充管柱完成後，打開開關，將管柱內的溶液慢慢滴下。在溶液滴下到液面與矽膠面等高時，關上管下端的開關。
5. 將色素溶液以滴管沿管壁慢慢滴入於管柱中，此時注意不要移動矽膠面。待加完色素溶液後打開管下端的開關，使色素液面下降到與矽膠面等高，然後關上開關。
6. 以滴管加入展開液到約比矽膠面高 0.5 公分後再打開開關。待色素溶液進入矽膠層中，再緩慢加入展開液到較矽膠面約高 3 公分。注意隨時維持液面高度。
7. 從管柱下端滴下的溶液中分別收集不同顏色的溶液。

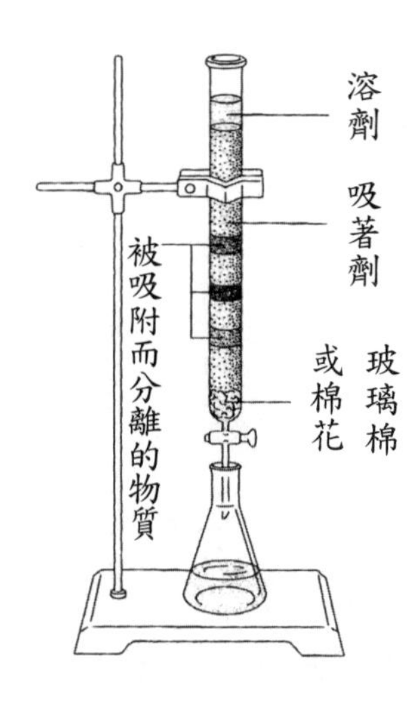

圖 30-2　管柱層析裝置

實驗三十一　代表性陽離子的定性分析

❖ 目的

鉛、銅、鐵三種代表性陽離子分別與一系列化學試劑作用來判別這三種離子的化學特性，以此為鑑定及分離的基礎。

❖ 概論

無機物質的定性分析，通常在無機物質的溶液中，加入適當的試劑，將溶解度較少的沉澱分離並加予確認某離子的存在。一般陽離子的定性分析通常分為五族做較長時間的分析。惟在普通化學較短時間的實驗，以鉛代表第一族、銅代有第二族而鐵代表第三族陽離子的分析。

本實驗利用金屬離子與陰離子產生沉澱或產生錯離子的特性，作為定性分析的基礎。溶液的酸度會影響沉澱或錯離子的形成或其消失。

❖ 藥品

氫氧化鈉		6M
氨　水		6M
鹽　酸		6M
硝　酸		6M
硫　酸		6M
亞鐵氰化鉀溶液	$K_4Fe(CN)_6$	
硫氰化銨溶液	NH_4CNS	
鉻酸溶液	K_2CrO_4	
氯化鐵溶液	$FeCl_3$	

❖器材

試　管　7支　試管架
滴　瓶　8個
滴　管
燒　杯（100mL）
離心器
本生燈
藍色及紅色石蕊試紙
蒸餾水

❖實驗步驟

1. 已知溶液的檢驗

⑴以吸管分別在7支乾淨試管中滴入5滴的氯化鐵溶液。

⑵在上述每支試管中分別加入約10滴（約0.5毫升）的蒸餾水，搖動各試管使管內的溶液均勻。

⑶在上述試管中加入NaOH, NH_3, HCl, H_2SO_4, $K_4Fe(CN)_6$, NH_4CNS, K_2CrO_4七種試劑之一種（依照所列順序加，以便比較）。加時一滴一滴的加，一面加一面搖動試管，加到無更多變化現象或加到15滴為止。

⑷如有沈澱或顏色變化產生，則用石蕊試紙檢查試管內溶液的酸鹼性。

⑸設前項試驗溶液呈鹼性時

加6滴NaOH（6M）並搖動，然後加HNO_3（6M）一滴一滴的加，攪拌並以玻棒取出溶液與藍色石蕊試紙相接觸，直到變紅色為止。記錄任何觀察到的變化。

設1⑷項的溶液呈酸性時

加6滴HNO_3（6M），一面加一面攪動，記錄所起的變化。然後加NaOH（6M），一滴一滴的加。到剛好使石蕊試紙呈鹼性反應為止，記錄你的觀察。繼續加6滴NaOH並攪拌，記錄任何的變化。

詳細記錄觀察後，檢視 Fe^{3+} 與各種試劑反應的變化和與酸性及鹼性溶液所產生的影響。可與同伴或教師討論，也可對 Fe^{3+} 更進一步的探討。結束 Fe^{3+} 的各種試驗後，倒出試管內的任何物質與溶液，以水沖洗清潔後，再用洗瓶內的蒸餾水沖試管內壁二或三次。再取 Cu^{2+}，然後 Pb^{2+} 溶液，重複步驟 1 ⑴～⑸的實驗檢驗 Cu^{2+} 及 Pb^{2+}。

2. 未知溶液的鑑定

取得編號的未知溶液，其中可能含有 Fe^{3+}，Cu^{2+} 及 Pb^{2+} 三種或兩種或只一種離子存在。依據步驟 1 ⑴～⑸實驗結果來鑑定你的未知溶液中所含的離子。設有沉澱生成又需分離使用離心器。或許你的未知溶液分析結果十分滿意，自己配合混合溶液加以分析，再與分析未知溶液的做比較，如此可加強對本實驗的了解。其配法為：取一支乾淨試管，加各 5 滴的 Fe^{3+}，Cu^{2+}，Pb^{2+} 溶液，然後按照前面實驗的步驟一一進行分析。

❖結果及討論

1. 從實驗步驟 1 所得的結果：

試劑	試驗的陽離子		
	Fe^{3+}	Cu^{2+}	Pb^{2+}
NaOH			
NH_3			
HCl			
H_2SO_4			
$K_4Fe(CN)_4$			
NH_4CNS			
K_2CrC_4			

2. 寫出上表中 Fe^{3+}，Cu^{2+} 及 Pb^{2+} 與各種試劑產生反應的化學反應式。
3. 畫出一簡單流程圖，說明 Fe^{3+}，Cu^{2+} 及 Pb^{2+} 混在一起時的分離過程。
4. 實驗結果未知溶液中所含的離子為：＿＿＿＿＿＿＿＿＿＿

實驗三十二　陰離子的定性分析

❖目的

以實驗分類常用陰離子為四族並對各族代表性陰離子做確認工作。

❖概論

陰離子的定性分析與陽離子的定性不同處，在於陰離子不能用數種試劑來做系統分類的處理。陽離子常用 HCl，H_2SO_4，HNO_3 或 H_2S 等試劑處理試樣，但在試樣各試劑只使其增加氫離子（H^+）而不會增加其他陽離子，可是這些試劑加在試樣的陰離子溶液中會增加 Cl^-，SO_4^{2-}，NO_3^- 及 S^{2-} 等陰離子，由此增加分析的困維。

雖然如此，對於常見的陰離子，亦可使用 3 種沉澱劑而加以分為四族。

1. 能夠與鋇離子生成沉澱的陰離子為第一族陰離子，有 CO_3^{2-}，SO_4^{2-} 及 PO_4^{3-} 等。
2. 能夠與鋅離子生成沉澱的陰離子為第二族陰離子，有 S^{2-}，$Fe(CN)_6^{4-}$，$Fe(CN)_6^{3-}$ 等。
3. 能夠與銀離子生成沉澱的陰離子為第三族陰離子，有 Cl^-，Br^-，I^- 等。
4. 不與上述沉澱劑（Ba^{2+}，Zn^{2+}，Ag^+）反應生成沉澱的陰離子為第四族陰離子，有 $C_2H_3O_2^-$，NO_3^-，MnO_4^- 等。

將含常用陰離子的溶液在試管中，加入 $Ba(OH)_2$ 溶液到呈鹼性後再加 $Ba(NO_3)_2$ 溶液時生成第一族陰離子的沉澱。過濾後的溶液中加入 $Zn(NO_3)_2$ 溶液時生成第二族陰離子的沉澱。過濾除去第二族陰離子沉澱的濾液中加入 $AgNO_3$ 溶液時生成第三族陰離子的沉澱。過濾除去第三族沉澱所剩的濾液為第四族陰離子。如此分離操作中只加 NO_3^- 陰離子而已，因此在原試樣溶液中檢驗是否有 NO_3^- 陰離子的存在就可能認

為是否由試劑來的 NO_3^- 或原來試樣中所含的 NO_3^-，再做各族陰離子的確認工作。本實驗以各族代表性陰離子的 CO_3^{2-}，S^{2-}，Cl^-，$C_2H_3O_2^-$ 為試樣，從事分離及確認實驗。

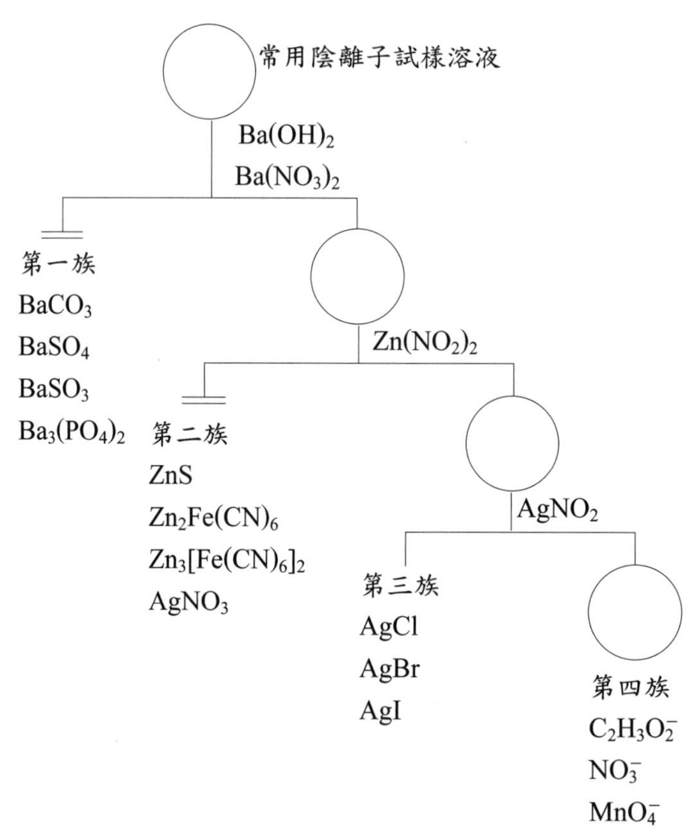

圖 32-1　陰離子的分類

❖藥品

碳酸鈉溶液（Na_2CO_3）　0.5M　53g/L H_2O

硫化鈉溶液（Na_2S）　0.5M　39g/L H_2O

氯化鈉溶液（NaCl）　1.0M　59g/L H_2O

醋酸鈉溶液（$NaC_2H_3O_2$）　0.5M　41g/L H_2O

氫氧化鋇溶液〔$Ba(OH)_2$〕　飽和溶液

硝酸鋇溶液〔$Ba(NO_3)_2$〕　0.3M　80g/L H_2O

硝酸鋅溶液〔$Zn(NO_3)_2$〕　0.5M　149g $Zn(NO_3) \cdot 6H_2O$/L H_2O

硝酸銀溶液（$AgNO_3$）　0.1M　17g/L H_2O
塩　酸
硫　酸
醋酸鉛的氨溶液
氨　水
硝　酸
酚酞溶液

❖器材

燒　杯
坩　鍋
試　管
玻璃管（彎曲的）
石蕊試紙
離心器

❖實驗步驟

1. 取含 CO_3^{2-}，S^{2-}，Cl^- 及 $C_2H_3O_2^-$ 的試樣溶液 1mL 於 4mL 小試管中，加飽和 $Ba(OH)_2$ 溶液到溶液呈鹼性後，將 $Ba(NO_3)_2$ 溶液一滴一滴的加入 $Ba(NO_3)_2$ 試劑沉澱完成為止。離心分離第一族 $Ba(NO_3)_2$ 沉澱，保留濾液。
2. CO_3^{2-} 的確認。$BaCO_3$ 可溶於硫酸產生二氧化碳。二氧化碳溶於水成碳酸，碳酸與碳酸鈉反應成碳酸氫根離子可使紅色酚酞指示變無色，由此可確認 CO_3^{2-} 之存在。實驗裝置如圖 32-2 所示，將 $BaCO_3$ 沉澱放入於試管底部。另一支試管底部。另一支試管中放 1mL 的 Na_2CO_3 及 2mL0.5%酚酞酒精溶液並與 10mL 水混合均匀的溶液，在左邊試管內加入 5 滴的稀硫酸並以連彎曲玻璃管的橡皮塞塞好，玻璃管的一端插入碳酸鈉與酚酞的混合溶液中。觀察酚酞溶液的顏色變化，如有溶液自紅色變為無色表示 CO_3^{2-} 之存在。

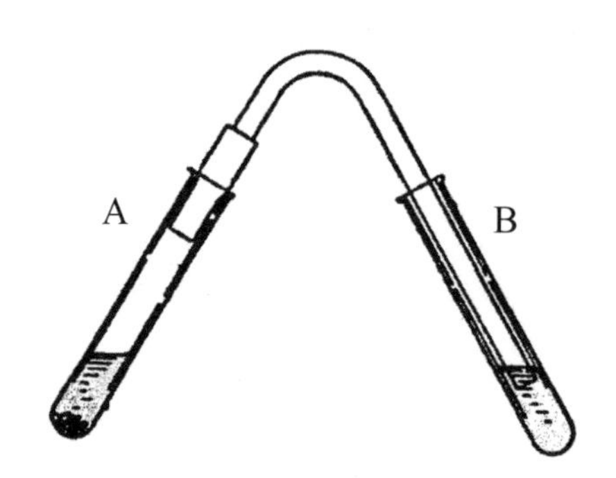

圖 32-2　試驗氣體裝置

3. 步驟 1 分離第一族陰離子的濾液中，一滴一滴的加入 $Zn(NO_3)_2$ 試劑溶液到沉澱為止。離心分離第二族陰離子沉澱並保留沉澱。
4. S^{2-} 的確認：以清水洗滌硫化鋅沉澱後棄洗液，在試管中加入 5 滴的 6N HCl，如有 S^{2-} 存在時 ZnS 與 HCl 反應生成硫化氫氣體。將醮取醋酸鉛氨溶液濾紙放在試管口，加熱試管如此濾紙變黑色時因生成 PbS 而表示有 S^{2-} 的存在。
5. 在步驟 3 所保留的濾液中，一滴一滴的加入 0.1M $AgNO_3$ 溶液到沉澱為止。離心分離所生成的第三族沉澱並保留濾液。
6. Cl^- 的確認：第三族陰離子所生成的AgCl，AgBr，AgI沉澱中只有氯化銀可溶於氨水，溴化銀和碘化銀都不溶於氨水。設溶於氨水的氯化銀沉澱中加硝酸時產生白色氯化銀沉澱時，表示 Cl^- 存在。將以清水洗滌步驟 5 生成沉澱並棄洗液後，在沉澱上加入 1mL的 0.5M 氨水並不斷攪拌試管一分鐘。離心分離沉澱與濾液，加 6N HNO_3 於濾液並仔細觀察所產生的現象、如有白色氯化銀沉澱生成，表示 Cl^- 的存在。
7. $C_2H_3O_2^-$ 的確認：第四族的陰離子通常在共同存在下，以獨特的試劑做確認的工作。步驟 5 所保留的濾液中加 10 滴於坩鍋中，加入 10 滴酒精及 1mL 濃硝酸。以溫和的本生燈火慢慢加熱坩鍋，小心鼻聞坩鍋中溶液所發出的氣體，如聞到水果香氣味的乙酸乙酯蒸氣表示有 $C_2H_3O_2^-$ 的存在。
8. 從教師領取未知溶液後以步驟 1～7 方式檢驗未知溶液所含的陰離子。

❖結果及討論

1. 寫出步驟 2，確認 CO_3^{2-} 所用的化學反應式。
2. 寫出步驟 4，確認 S^{2-} 所用的化學反應式。
3. 寫出步驟 6，確認 Cl^- 所用的化學反應式。
4. 寫出步驟 7，確認 $C_2H_3O_2^-$ 所用的化學反應式。
5. 我的未知溶液為編號______其中所含的陰離子為____________
6. 為何在步驟 5 所保留的溶液，不能做辨認試樣溶液中 NO_3^- 是否存在的確認工作？

❖結果及討論（例）

1. $CO_3^{2-} + Ba^{2+} \rightarrow BaCO_3$

   $BaCO_3 + 2H^+ \rightarrow Ba^{2+} + CO_2 + H_2O$

   $CO_2 + H_2O \rightarrow H_2CO_3$

   $CO_3^{2-} + H_2CO_3 \rightarrow 2HCO_3^-$

2. $Zn^{2+} + S^{2-} \rightarrow ZnS$

   $ZnS + 2H^+ \rightarrow Zn^{2+} + H_2S$

   $H_2S + Pb(C_2H_3O_2)^+ + C_2H_3O_2^- \rightarrow PbS + 2HC_2H_3O_2$

3. $Cl^- + Ag^+ \rightarrow AgCl$

   $AgCl + 2NH_3 \rightarrow Ag(NH_3)_2^+ + Cl^-$

   $Ag(NH_3)_2^+ + H^+ + Cl^- \rightarrow AgCl + 2NH_4^+$

4 .$C_2H_3O_2^- + H_2SO_4 \rightarrow HSO_4^- + HC_2H_3O_2$

   $C_2H_5OH + HC_2H_3O_2 \rightarrow CH_3COOC_2H_5 + H_2O$

5. 因為分離各族所用的試劑 $Ba(NO_3)_2$，$Zn(NO_3)_2$ 及 $AgNO_3$ 均含NO_3^-因此在步驟 5 保留的溶液中必有 NO_3^- 的存在而不能做原來試樣溶液中 NO_3^- 是否存在的辨認工作。

實驗三十三　膠體溶液的性質

❖目的

從實驗過程探究膠體溶液的各種特性。

❖概論

粒子直徑約為 10^{-9}～10^{-6} 米的物質在水中只浮游而不產生沉澱，如此浮游粒子稱為膠體粒子，含膠體粒子的溶液稱為膠體溶液。

膠體溶液相當穩定，因為膠體粒子生成時往往在其表面四周圍吸附帶正電（或帶負電）的電荷，這些帶正電（或帶負電）的膠體粒子再吸附溶液中的負離子（或正離子）於其四周圍，使膠體粒子如同帶負電（或帶正電）的較大粒子而互相排斥，使膠體粒子不能結合成沉澱。

當雷射光射入膠體溶液中時，不像真溶液能夠直接透過真溶液，雷射光遇到膠體粒子會起散射，其通路成一明亮的光帶，此一現象稱為廷得耳效應。

膠體粒子較濾紙的網目小，能透過濾紙，但較賽珞凡，玻璃紙或動物膀胱等半透膜的網目大，因此在半透膜內放膠體溶液，浸入於流動的水中時，因半透膜內的膠體粒子不能通過，但溶液中的水分子和雜質的離子與分子都能夠自由通過半透膜，因此可精製膠體溶液，此一過程稱為透析。

膠體粒子常帶正電荷或負電荷。在膠體溶液中插兩支電極並通入直流電時，帶電荷的膠體粒子向相反符號的電極移動，此現象稱為電泳。

❖藥品

氯化鐵溶液	0.5M
硫酸鈉溶液	0.5M
氯化鈣溶液	0.5M
硝酸銀溶液	0.1M
氯化鈉溶液	1.0M
明膠溶液	2%

❖器材

燒　杯	250mL
試　管	6支及試管架
錶面皿	
攪　棒	
雷射光源	
直流電源（25V）及電線、鱷頭夾	
賽珞凡袋	
本生燈	
溫度計	
滴　管	
石蕊試紙	

❖實驗步驟

1. 如圖33-1所示在燒杯中加入100mL蒸餾水，加熱使其沸騰一面一次加少量的氯化鐵溶液，一面攪拌一面加到總加入氯化鐵溶液2mL。即成氫氧化鐵的膠體溶液。
2. 將所成的溶液放在暗處，從其橫邊射入雷射光，觀察並記錄光的通路。

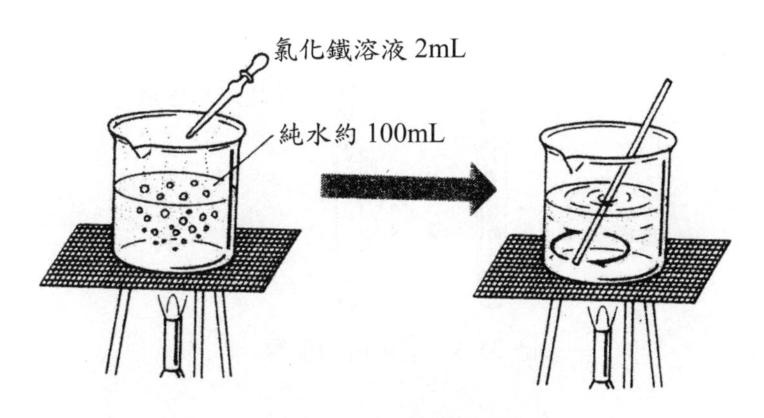

圖 33-1　製備膠體溶液

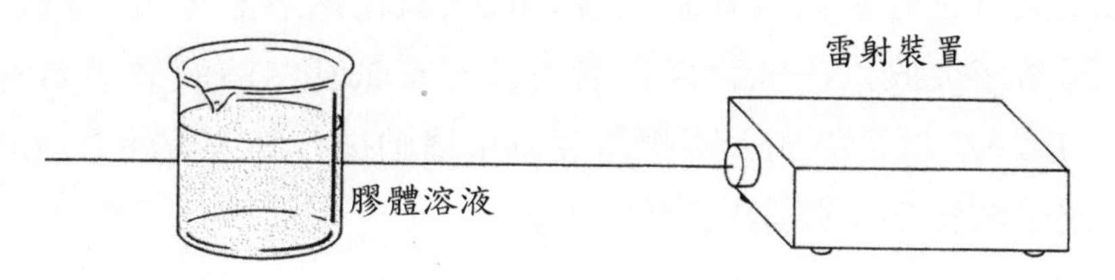

圖 33-2　廷得耳效應

3. 如圖 33-3 所示將氫氧化鐵膠體溶液放在賽珞凡袋中。預先加熱到 40～50℃的純水於燒杯，並將賽珞凡袋吊入於此溫水中。放置數分鐘後取出，觀察燒杯內水的顏色。

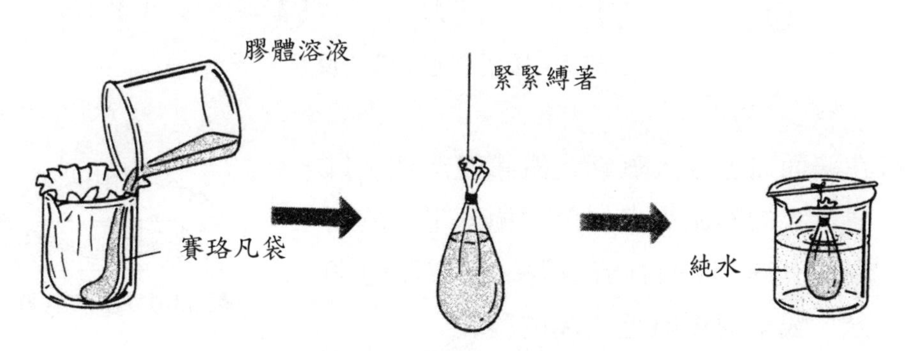

圖 33-3　膠體溶液的透析

4. 將燒杯中的水少許移到試管中，先用石蕊試紙觀察顏色的變化，再滴加硝酸銀溶液看看有什麼變化。

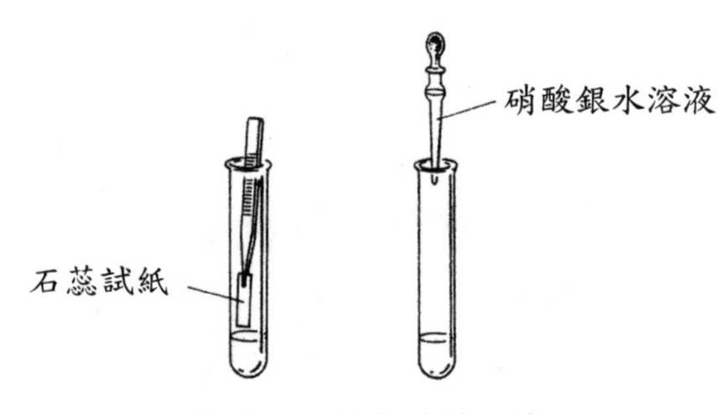

圖 33-4　透析液的反應

5. 將步驟 3 賽珞凡袋內的液體分別各 4mL 加入於 4 支試管中。在其中的三支試管分別以滴管滴入各 2mL的氯化鈉溶液、硫酸鈉溶液、氯化鈣溶液後放置在試管架上看看那一支試管內溶液最早混濁。在剩下的第 4 支試管中加入明膠溶液 2mL搖動後，滴入硫酸鈉溶液 2mL，放置後試管架上觀察所起的變化。

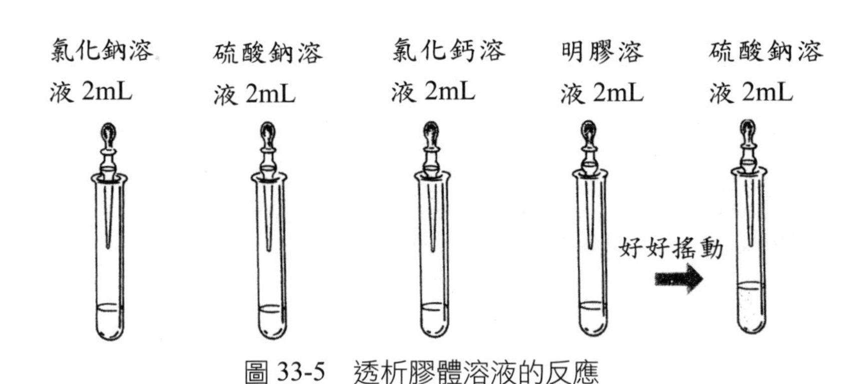

圖 33-5　透析膠體溶液的反應

6. 在錶面皿上放入氫氧化鐵膠體溶液，以連電線的鱷頭夾夾住為兩極兩電線的兩端連於約 25V的直流電源。通電流約 50 分，觀察兩極附近所起的變化。

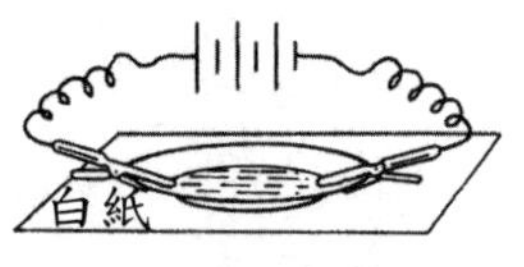

圖 33-6　電泳裝置

❖結果及討論

1. 氯化鐵溶液原來的顏色為______
   變成氫氧化鐵膠體溶液顏色為______
2. 在澄清溶液中射入雷射光時______
3. 賽珞凡袋浸入清水後清水的顏色______
4. 以石蕊試紙檢驗結果水呈____性反應，加硝酸銀溶液後產生______
5. 最先呈紅褐色混濁的是加______溶液的，接著加入______溶液的起變化，______和______溶液的沒有變化。
6. $Fe(OH)_3$ 膠體溶液經電泳後在陰極______，在陽極______。

❖實驗注意事項

1. 以完全沸騰的純水中慢慢加入少量的氯化鐵溶液才可生成氫氧化鐵膠體溶液，設加太快時往往會失敗。
2. 觀察廷得耳效應用雷射光源裝置或投影器（OHP），如果沒有這些器具時，將黑紙袋打開一小孔內放小燈泡而所發出的光經小孔透出方式處理。
3. 如預先將賽珞凡袋浸在水中後使用時效果較好，透析步驟在溫度愈高愈快進行，設法不使溫度低於 40～50℃。
4. 步驟 5 所用 $Fe(OH)_3$ 膠體溶液使用十分透析過的膠體溶液。設透析不十分時往往不易凝析。
5. 用於凝析反應所使用到試管為特別乾淨的試管。設試管有少量污染時，只放入膠體溶液就會開始混濁。明膠溶液應於使用直前新配製，使用放久的明膠溶液時得不到良好的結果。
6. 在步驟 2～5 的實驗如想要與真溶液做比較時，可使用硫酸酸性的二鉻酸鉀溶液代表真溶液，此溶液的顏色很像 $Fe(OH)_3$ 膠體溶液的顏色因此適合於比較之用。

❖實驗結果（例）

1. 氯化鐵溶液原來的顏色為黃褐色而變化為 $Fe(OH)_3$ 膠體溶液時呈紅褐色。
2. 澄清的膠體溶液中射入雷射光時呈白色亮帶。
3. 賽珞凡袋浸入清水後燒杯內水的顏色沒有改變。
4. 以石蕊試紙檢驗結果水呈酸性反應，加硝酸銀溶液時呈白色混濁狀，可知氯離子的存在。
5. 最先呈紅褐色混濁的是加 Na_2SO_4 溶液的。接著加入明膠溶液的會起變化，加 NaCl 溶液及 $CaCl_2$ 溶液的都不起變化。
6. $Fe(OH)_3$ 膠體溶液經電泳後，在陰極周邊有紅褐色膠體粒子聚集在一起，陽極附近顏色變淡，故可看到膠體粒子的移動。

實驗三十四　鏈狀烴類的製法與性質

❖目的

以甲烷、乙烯及乙炔為鏈狀烴類代表性化合物，實驗其製法及性質。

❖概論

石油及天然氣中含有多種碳氫化合物。碳氫化合物又稱為烴，烴依照碳原子間的鍵結方式不同而分為鏈狀烴和環狀烴。鏈狀烴中分子內的碳原子都以單鍵互相鍵結的稱為烷類，最簡單的烷類為甲烷，而每一分子至少有一對碳原子以雙鍵鍵結的稱為烯類，最簡單的烯類為乙烯。烴類的每一分子至少有一對碳原子以參鍵鍵結的稱為炔類。最簡單的炔類為乙炔。

烷類只能進行取代反應而不能進行加成反應，但烯類及炔類卻兩種反應都能進行。

本實驗以實驗是方法製造甲烷、乙烯及乙炔並探究各代表性烴類的性質。

❖藥品

無水醋酸鈉（sodium acetate, $NaCH_3COO$）　2g

鈉鹼石灰（soda lime）　5g

取生石灰在濃氫氧化鈉水溶液煮成粉未狀得到。

硫酸（18M）

酒　精

溴　水

過錳酸鉀酸性溶液

石灰水
碳化鈣（calicium carbide, CaC_2）

❖器材

大試管連導氣管及橡皮塞
安全漏斗
試　管
水　槽
鐵架及鐵夾
溫度計
漏　斗
本生燈
金屬筒狀容器（用可樂、啤酒、汽水罐剪去頭部）
砂　蠟燭　鐵線

❖實驗步驟

1. **製造甲烷及其性質的實驗**

⑴混合均勻無水醋酸鈉的 2g 與鈉鹼石灰約 5g 後放入於大試管中，以附導管的橡皮塞塞大試管以鐵架所附鐵夾夾住如圖 34-1 所示導管放入於大水槽的水中，其上方倒置一裝滿水的試管。

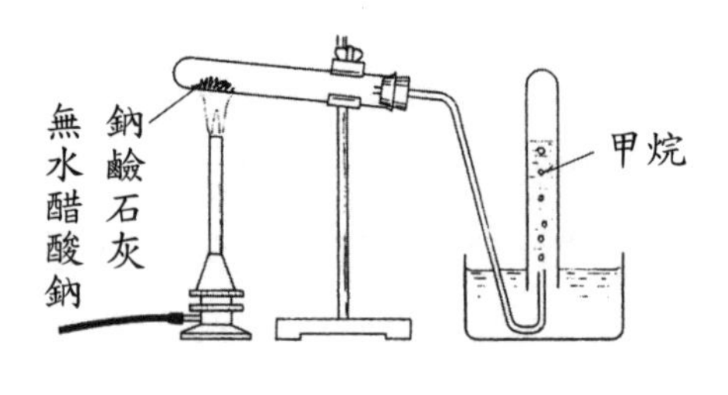

圖 34-1　製備甲烷

⑵以本生燈緩和加熱試管，所生成的氣體以排水集氣法收集於三支試管 A 及另三支試管 B 並各加木塞。B 號試管中只收集各 2/3，

1/3，1/10的甲烷並以姆指頭壓住試管口後放開姆指頭使空氣能夠進入試管成甲烷與空氣的混合氣體，再加塞塞住。

⑶在長20～30cm的鐵線先端插一支點燃的蠟燭，移到一支A試管口使甲烷燃燒。燃燒後加入少量的石灰水，以姆指頭壓住試管口後振搖試管，觀察所發生的現象。

⑷同步驟1之⑶方式試驗B號的三支試管內混合氣體的燃燒情形。

⑸在A號的另兩支試管中分別加入少量的溴水，過錳酸鉀的硫酸酸性溶液，振搖並觀察所發生的現象。

2. 製造乙烯及其性質的實驗

⑴在金屬筒狀容器中放入乾燥的砂填底部後，插入裝有約10mL濃硫酸的大試管，使大試管底部部分在砂中。以鐵架及鐵夾夾住大試管並如圖34-2所示，蓋上插溫度計、安全漏斗及導管的軟木塞塞住大試管。以本生燈加熱金屬容器到大試管內的硫酸溫度到約160°C。

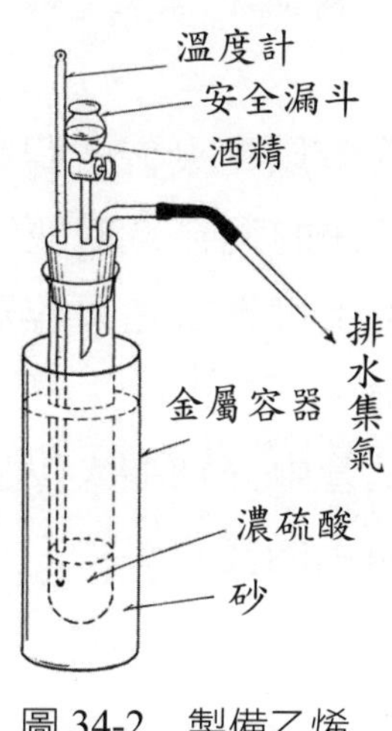

圖34-2　製備乙烯

⑵在安全漏斗內加入酒精後，打開開關使酒精慢慢滴入於大試管中，使其與濃硫酸作用產生乙烯氣體，如步驟1同樣以排水集氣法捕集於三支試管中。

⑶一支試管內的乙烯，如同甲烷一樣方式使其燃燒後加入澄清石灰水，觀察所起的現象。

⑷另兩支裝乙烯的試管中分別加入少量溴水、過錳酸鉀硫酸酸性溶液，振搖並觀察所發生的現象。

3. **製造乙炔及其性質的實驗**

⑴如圖 34-3 在乾淨大試管中放入約 4～5 的碳化鈣後蓋上連接導管的橡皮塞後，打開橡皮塞以吸管加入約 1/5 試管的水。產生的乙炔氣體以排水集氣法收集於 7 支試管中。其中 4 支試管中的乙炔氣體，如同收集甲烷時一樣，混入空氣使乙炔為 70%, 50%, 30%,10% 的混合氣體。

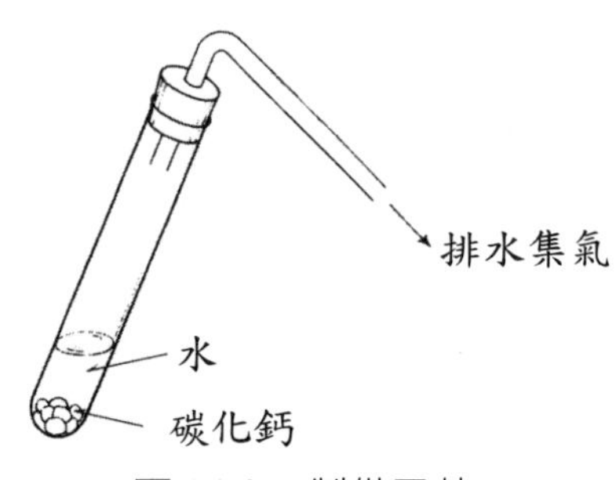

圖 34-3　製備乙炔

⑵裝乙炔氣體的試管，以點火方式觀察其燃燒情形。

⑶小心點火空氣與乙炔的混合氣體並觀察燃燒方式的差異。注意可能有爆鳴聲。千萬不可嘗試在大容器中收集乙炔並與空氣混合而點火，易發生危險。

⑷另兩支裝乙炔的試管中分別加入少量溴水、過錳酸鉀硫酸酸性溶液，振搖並觀察顏色的變化。

❖結果及討論

1. 製造甲烷的化學反應式為：

$$CH_3COONa + NaOH \rightarrow CH_4 + Na_2CO_3$$

2. 甲烷發出淡色焰燃燒：

$$CH_4 + O_2 \rightarrow CO_2 + 2H_2O$$

生成的二氧化碳使石灰水白色混濁：

$$Ca(OH)_2 + CO_2 \rightarrow CaCO_3 + H_2O$$

3. 甲烷與空氣混合氣體，雖混合比不同都會爆鳴燃燒。
4. 甲烷與溴水或過錳酸鉀酸性溶液都不起反應。
5. 乙烯的製造反應為：

$$C_2H_5OH \xrightarrow{H_2SO_4(\text{脫水})} C_2H_4 + H_2O$$

6. 乙烯發出明亮火焰燃燒

$$C_2H_4 + 3O_2 \rightarrow 2CO_2 + 2H_2O$$

燃燒時會產和灰渣

$$C_2H_4 + 2O_2 \rightarrow CO_2 + 2H_2O + C$$

乙烯與空氣的混合氣體有爆炸性燃燒現象。

7. 溴水，過錳酸鉀酸性溶液都會被乙烯脫色。

$$C_2H_4 + Br_2 \rightarrow CH_2Br \cdot CH_2Br$$

8. 製造乙炔反應的化學反應式為：

$$CaC_2 + 2H_2O \rightarrow C_2H_2 + Ca(OH)_2$$

9. 乙炔燃燒會發出多量灰渣：

$$C_2H_2 \rightarrow CO_2, H_2O, C$$

10. 乙炔與空氣混合比為 70%, 50%時生成多量灰渣燃燒，10% 時爆炸性燃燒。
11. 溴水遇乙炔時被脫色而過錳酸鉀酸性溶液由紫黑色變褐色。

實驗三十五　醇類的氧化反應

❖目的

以使用催化劑在空氣中氧化及使用二鉻酸鉀氧化劑氧化甲醇及乙醇，探究生成物質並測量生成物的pH值及還原性。

❖概論

醇類中的甲醇與乙醇被氧化時生成醛類，惟進一步氧化或使用較強氧化劑時變成酸類。銀鏡反應為檢驗醛類具有還原性方法之一。在硝酸銀溶液中滴加氨水，開始時生成氧化銀的褐色沉澱，繼續加氨水到氧化銀褐色沉澱完全溶解成無色的二氨銀錯離子溶液稱為多倫溶液。甲醛與多倫溶液共熱時在試管壁析出銀，稱銀鏡反應。

$$H-CHO+2Ag(NH_3)_2^{1+}+3OH^- \rightarrow HCOO^-+2Ag+4NH_3+2H_2O$$

本實驗以兩種不同方式氧化醇類，一為使用催化劑的空氣氧化，另一為使用二鉻酸鉀氧化劑的氧化，生成物的醛類以銀鏡反應檢出。

❖藥品

甲醇、乙醇

氨性硝酸銀溶液[註1]　稀硫酸

0.1mol/L　二鉻酸鉀溶液

註1：稱取1克硝酸銀於小燒杯，加入清水20mL溶解後，滴加稀氨水到所生成的沈澱消失為止。

❖器材

銅線圈、沸石
試管及附導管的木塞、試管夾、橡皮塞
本生燈　鐵架及鐵夾
燒　杯
pH 計或 pH 試紙

❖實驗步驟

1. 甲醇的空氣中氧化

⑴將甲醇 1mL 及水 1mL 放在試管中，如圖 35-1 所示以本生燈加熱螺旋狀的銅線圈，趁熱插入試管中，在液面上進出數次。觀察銅線的情況並聞試管內氣體的氣味後以橡皮塞塞住試管，激烈搖動使生成物溶解。

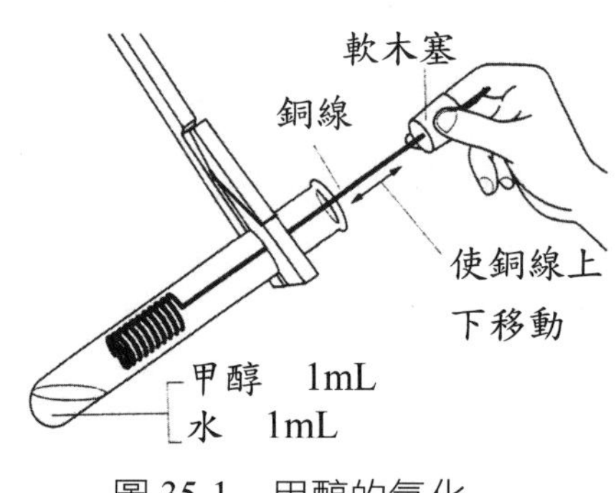

圖 35-1　甲醇的氧化

⑵重作步驟⑴的操作後，以 pH 試紙測定溶液的 pH 值。
⑶加 0.5mL 的氨性硝酸銀溶液，以 60~70°C 的溫水浴加熱試管，試管內壁有什麼物質產生？

2. 乙醇的氧化

⑷在試管中放入乙醇 1mL，二鉻酸鉀溶液 2mL，稀硫酸 0.5mL 及沸石，如圖 35-2 所示以弱火加熱蒸餾，觀察反應液的顏色變化。

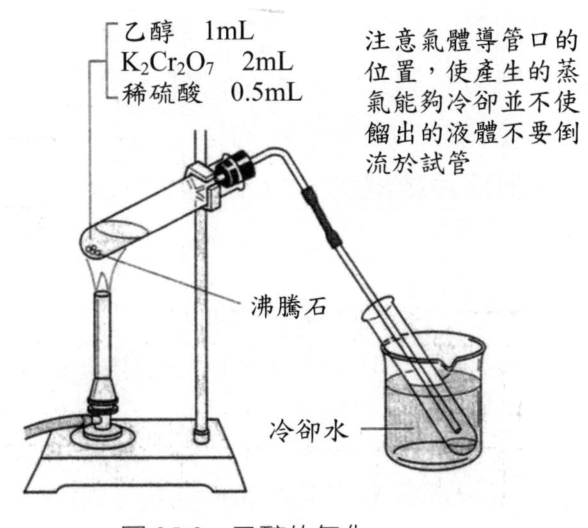

圖 35-2　乙醇的氧化

⑸蒸餾所得餾出液有 1mL 時停止加熱，以 pH 試紙測量餾出液的 pH 值。

⑹開液體的氣味後，加入氨性硝酸銀溶液 0.5mL 以 60~70°C 的溫水浴加熱試管，試管內壁如何？

步驟⑶及⑹的溶液不要倒棄於水槽，倒在教師指定的容器中。

❖結果及討論

1. 步驟⑴及⑷的生成物是什麼？
2. 步驟⑴加熱銅線圈時接觸甲醇蒸氣的反應以化學反應式表示。
3. 從實驗結果是否表示甲醇及乙醇氧化生成醛，醛易液再氧化為有機酸？

❖實驗注意事項

1. 本實驗使酒精氧化使用催化劑的空氣氧化與使用二鉻酸鉀氧化劑的氧化。兩者的生成物都是醛而可用銀鏡反應檢出。
2. 氨性硝酸銀溶液的配法。硝酸銀 1g 溶於 20mL 水，滴入稀氨水使生成的沉澱溶解為止。不要使氨水加過量，滴到沉澱剛消失時停止滴下。此溶液最好在使用直前配製。

3. 步驟(1)為加熱的銅線圈與甲醇蒸氣接觸的反應。冬天氣溫低甲醇蒸氣不出來時可將試管於溫水浴加熱。使用乙醇亦有同樣的反應。
4. 銅線圈加熱只能生成氧化銅的程序就可，銅的熔點為 1083°C，不要加熱到赤熱而燒斷銅線。加熱的銅線圈趁熱與甲醇蒸氣接觸。銅線的反應如下：

試管外：$2Cu + O_2 \rightarrow 2CuO$

試管內：$CH_3OH + CuO \rightarrow HCHO + H_2O + Cu$

5. 銅線圈在試管的進出試管只一次時生成的甲醛量少，因此要進出數次，pH 試紙一部分呈黃色（pH4 前後）表示一部分生成甲酸。
6. 氨性硝酸銀溶液不要加過多的結果較好，$[Ag(NH_3)_2]^+$ 被還原生成銀鏡：

$$2[Ag(NH_3)_2]^+ + HCHO + 2OH^- \rightarrow 2Ag + 4NH_3 + HCOOH + H_2O$$

確認銀鏡後回收，使溶液呈酸性。
7. 酸性的二鉻酸鉀溶液有強氧化作用，因此乙醇很快被氧化。
8. 步驟(4)注意不要使溶液突沸。使用燒杯的水浴加熱或許較好。加熱蒸餾是一面進行反應，同時留出生成物而留出液為乙醛（沸點 21°C）外尚有乙醇、水等。如試管較細時蒸餾的液體易潑出，因此使用 18mm 以上粗的試管。
9. (4)的溶液顏色開始時為 $Cr_2O_7^{2-}$ 的橙紅色與 Cr^{3+} 的綠色混合的黑褐色，反應進行完成時呈 Cr^{3+} 的綠色。
10. (5) pH 試紙不變色，但沸點差而生成醋酸（沸點：乙醛 21°C，乙醇 78°C，乙酸 118°C）亦不餾出。

實驗三十六　醛類的還原反應

❖ 目的

以銀鏡反應及斐林試驗來實驗醛類溶液所具的還原性質。

❖ 概論

醛類和酮類的分子都含有羰基（-C=O），但醛類的羰基和一個氫原子結合，具有還原性質，可被氧化成酸。酮類的羰基和兩個碳原子結合，無還原性質，不能被氧化成酸。在硝酸銀溶液中滴加氨水，開始時生成褐色的氧化銀沈澱，繼續加氨水到氧化銀褐色沉澱完全溶解成無色的二氨銀錯離子溶液，俗稱多倫溶液。醛類與多倫溶液反應時，能夠還原多倫溶液並析出銀於玻璃面形成銀鏡。此一反應常用於辨別醛類和酮類。

$$R-CHO+2Ag(NH_3)_2^{1+}+3OH^-$$
$$\rightarrow R-COO^-+2Ag+4NH_3+2H_2O$$

斐林試液為硫酸銅溶液所成的 A 液和酒石酸鉀鈉的鹼性溶液的 B 液，分別保存所成。使用時將等量的A液和B液混合在一起成藍色的斐林試液。斐林試液與醛類共煮時溶液中的 Cu^{2+} 被還原成 Cu_2O 的紅色沉澱，此一過程稱為斐林試驗。

$$R-CHO+2Cu^{2+}+4OH^-\rightarrow R-COOH+Cu_2O+2H_2O$$

❖ 藥品

甲醛溶液（1.5%）或用福美林溶液
乙醛溶液
葡萄糖溶液

丙　酮
硝酸銀溶液 0.2M
氨　水
硫酸銅
酒石酸鉀鈉

❖ 器材

試管及試管架
塑膠盒（100×100×50mm）
滴　管
本生燈
玻璃片（90×90mm）

❖ 實驗步驟

1. 銀鏡反應

⑴在三支潔淨的試管中各加入 5%的硝酸銀溶液 2mL 及 10%氫氧化鈉溶液 1 滴，滴加由濃氨水 7mL 與 93mL 水所配成的稀氨水於每一支試管中，到所生成的褐色氧化銀沉澱完全溶解為止，成為多倫試液。

⑵在三支多倫試液試管中，分別加入數滴的甲醛溶液，乙醛溶液，丙酮，在熱水鍋中加熱數分鐘，觀察及記錄各試管中所產生的現象。

⑶把一張玻璃片（90×90mm）以清潔劑洗乾淨後用水沖洗乾淨，如手指上油分附著於玻璃表面時，不易析出銀境，因此先淨後只能碰玻璃切口，不能接觸玻璃面。將此玻璃片放在塑膠盒（100×100×50mm）內，以滴管入 0.5M 的氫氧化鈉溶液 2mL 與 1.5%乙醛溶液 2mL於玻璃片上，搖動塑膠盒使液體混合並佈滿於玻璃片全體。

⑷配製兩倍氨水的 0.2M 氨性硝酸銀溶液，在 5%硝酸銀溶液 2mL 中

滴加稀氨水到所生成或褐色氧化銀沉澱溶解後再加同體積氨水的。將此兩倍氨水的多倫試液 2mL 滴入⑶於塑膠盒的玻璃片上，不斷的慢慢搖動塑膠盒時，被還原的銀析出在玻璃片上。如果析出的銀較少時，經水洗後，重作步驟⑶，⑷。取出玻璃片從背面看時為鏡子。以葡萄糖代替乙醛溶液亦可得良好的銀鏡。

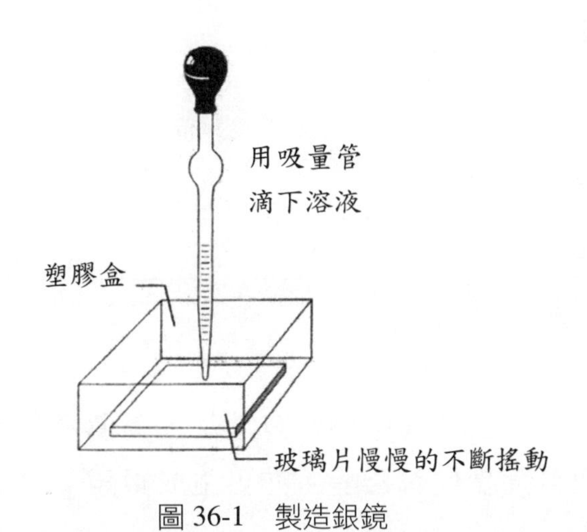

圖 36-1　製造銀鏡

圖 36-2　銀鏡反應與斐林試驗

2. 斐林試驗

⑴配斐林試液，斐林試液由 A 液及 B 液所成。

A 液：稱取五水合硫酸銅晶體 6.969g 溶於水成 100mL 溶液。

B 液：稱取酒石酸鉀鈉 34.6g 與氫氧化鈉 25.0g 溶於水成 100mL 溶液。

此A液與B液分開貯存，使用時等量混合即可。

在三支乾淨試管中各加入斐林試液5mL後，分別加入數滴的甲醛溶液、乙醛溶液、丙酮。將此三支試管放入於熱水鍋中加熱約 10 分鐘。觀察有沒有什麼變化。設無沉澱生成再加入較多的試劑並再加熱。

❖結果及討論

	多倫試液	斐林試液
甲醛		
乙醛		
丙酮		

1. 乙醛及丙酮分子結構中均含有羰基，為價兩者的還原性不同？
2. 為什麼用葡萄糖代替乙醛，亦可生成銀鏡？

實驗三十七　硝基苯及苯胺的合成

❖目的

使用苯為原料，經硝基化反應合成硝基苯，再還原為苯胺，探究此兩化合物的性質。

❖概論

苯在濃硫酸存在時與濃硝酸反應生成硝基苯，在此反應濃硫酸用做脫水劑。

$$C_6H_6 + HNO_3 \xrightarrow{H_2SO_4} C_6H_5NO_2 + H_2O$$

硝基苯為淡黃色具杏仁氣味的油狀液體，可做香料及染料的材料。

苯胺是芳香胺中最重要的化合物，從硝基苯經錫與鹽酸的還原反應製得：

$$2\ C_6H_5NO_2 + Sn + 14HCl \rightarrow 2\ C_6H_5NNH_3Cl + SnCl_4 + 4H_2O$$

$$C_6H_5NH_3Cl + NaOH \rightarrow C_6H_5NH_2 + NaCl + H_2O$$

苯胺是無色油狀液體，苯胺可做人造染料，香料等原料外製造乙醯苯胺等醫藥。

❖藥品

苯　　苯胺

濃硝酸　濃硫酸　濃鹽酸

稀鹽酸

漂白粉飽和溶液

錫　華

6mol/L　氫氧化鈉溶液

❖ 器材

燒杯（100mL）
試　管　　附玻璃管的試管塞
溫度計
錶面皿
鑷　子
滴　管
紅色石蕊試紙

❖ 實驗步驟

1. 在乾淨試管中倒入 2mL的濃硝酸後，將 2mL的濃硫酸一次加少許並搖動試管加入於濃硝酸中。
2. 所得的酸混合溶液的試管在水浴中冷卻並將 2mL的苯一次加少許並搖動試管而加入。加完後如圖 37-1 所示將試管浸入 60℃的溫水中約 5 分鐘，時時搖動試管。

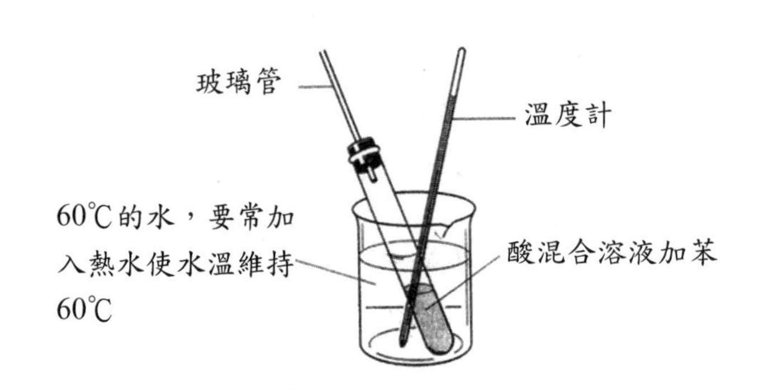

圖 37-1　製備硝基苯

3. 將試管中的反應液移至放水 100mL的燒杯中，以玻棒攪拌後放置之。
4. 以滴管吸取燒杯底部的硝基苯 1mL 於乾淨試管中，加 4mL 的濃鹽酸。（硝基苯有毒，不要吸其蒸氣）。
5. 加 3g 的錫華於試管，搖動試管到油滴部分消失。

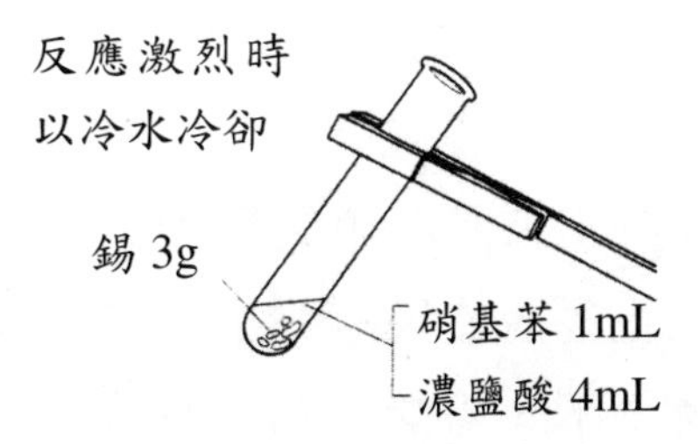

圖 37-2 硝基苯還原為苯胺

6. 步驟 5 試管內物質移至燒杯，加 6mol/L 氫氧化鈉溶液一次加少許並攪拌，時時用紅色石蕊試紙試溶液到鹼性為止停止加氫氧化鈉溶液（約需加 8mL）。
7. 將反應液 3～4 滴滴在錶面皿，加少量水後滴 1～2 滴的漂白粉溶液。
8. 另一試管中放入 2mL 的水，加入市售苯胺 3 滴並搖動試管，檢查苯胺對水的溶解度後，以紅色石蕊試紙試驗。其後搖動試管並一次滴一滴稀鹽酸到液體變成均勻溶液時，一次加一滴方式加 2mol/L 氫氧化鈉溶液並搖動方式加 2mL。觀察所發生的現象。使用此溶液重做步驟 7 的操作。

❖ 結果與討論

1. 從苯製造硝基苯的變化以化學反應式表示。
2. 說明步驟 3 水放在反應液的原因，所得硝基苯為不透明的理由。
3. 步驟 5 與 6 的現象記錄後以化學反應式所起的化學反應。
4. 加鹽酸於苯胺的反應，加鹽酸後再加氫氧化鈉溶液的反應以化學反應式表示。
5. 從實驗結果是否從苯能夠製造苯胺？

❖ 實驗注意事項

1. 漂白粉飽和溶液使用實驗前製備的。
2. 加濃硫酸時為放熱反應，因此以水冷卻試管並小心滴加的方式。
3. 步驟溫度高時會產生二硝基苯，因此以水浴使溫度在 60℃ 以下加一次少量的苯。加完後放在 60℃ 溫水浴的目的為使硝基化進一步進行，溫度太高時苯會蒸發或二硝基化進行因此不要超過60℃。苯及硝基苯的蒸氣對身體有毒，盡量不吸入。

4. 步驟4分離的硝基苯看起來是白色的原因是含有水分之故，移到別的容器而加入無水氯化鈣脫水時變透明的硝基苯。
5. 使硝基苯還原需要硝基苯、鹽酸、錫十分接觸，因此搖動試管，在此操作時反應溫度上昇甚至會沸騰因此要特別留意，反應激烈時以冷水浴冷卻。溫度到某一程度時反應易進行但成為H_2是不能還原硝基苯。
6. 步驟6溶液變鹼性時有淡黃色的苯胺成油狀分離出，生成的白色氫氧化錫$Sn(OH)_4$溶解生成均一的乳濁色液體。
7. 步驟7為呈紫色的靈敏反應，少量的漂白粉溶液能夠確認。
8. 用滴管一滴一滴的加，搖動後觀察，如此操作時可知少量能夠溶解。

❖結果及討論（例）

1. $C_6H_6 + HNO_3 \rightarrow C_6H_5NO_2 + H_2O$

   硫酸是催化劑
2. 放在水中的理由是利用硝基苯不溶於水的性質與未反應的硝酸或硫酸分離之故。白濁的原因是水含於硝基苯之故。
3. 步驟5發生氫氣體，過一段時間硝基苯的油滴消失而成均勻溶液。步驟6生成的白色沈澱溶解，苯胺成油狀分離。

   5的反應

   $$C_6H_5NO_2 + 3Sn + 6H^+ \rightarrow C_6H_5NH_2 + 3Sn^{2+} + 2H_2O$$
   $$C_6H_5NO_2 + 3Sn^{2+} + 6H^+ \rightarrow C_6H_5NH_2 + 3Sn^{4+} + 2H_2O$$
   $$C_6H_5NH_2 + HCl \rightarrow C_6H_5NH_3Cl$$

   6的反應

   $$C_6H_5NH_3Cl + NaOH \rightarrow C_6H_5NH_2 + NaCl + H_2O$$
   $$SnCl_4 + 4NaOH \rightarrow Sn(OH)_4 + 4NaCl$$
   $$Sn(OH)_4 + 2NaOH \rightarrow 2Na^+ + [Sn(OH)_6]^{2-}$$

4. 少量溶解於水，石蕊試紙不會變色。加鹽酸時成均一溶液，再加氫氧化鈉溶液時，苯胺再出現。

$$C_6H_5NH_2 + HC1 \rightarrow C_6H_5NH_3C1$$

$$C_6H_5NH_3Cl + NaOH \rightarrow C_6H_5NH_2 + NaCl + H_2O$$

實驗三十八　醣類的性質

❖目的

調查糖類的性質，確認蔗糖、澱粉、纖維素等能夠被酸加水分解。

❖概論

醣類為碳、氫、氧以Cm(H_2O)n方式組成的化合物，可分為單醣、雙醣和多醣等三類。雙醣類的蔗糖加水分解後生成單醣類的葡萄糖和果糖。多醣類的澱粉和纖維素經加水分解後均成為葡萄糖。

澱粉漿遇碘時呈深藍色，可做檢驗澱粉或碘存在的依據。葡萄糖溶液具有還原性，能使多倫試液起銀鏡反應，遇斐林試液產生氧化亞銅的紅色沉澱。本實驗由碘澱粉的反應、銀鏡反應及斐林試驗來探討醣類在加水分解前與加水分解後的性質並做比較。

❖藥品

葡萄糖、蔗糖、澱粉　　各1%水溶液
稀碘溶液
氨性硝酸銀溶液
斐林試液
濃硫酸、1M硫酸
1M碳酸鈉溶液

❖器材

小試管、試管架、試管夾
燒　杯
本生燈

脫脂棉

❖實驗步驟

1. 糖類性質的比較

⑴碘澱粉的反應

在三支小試管中分別取1mL的葡萄糖、蔗糖、澱粉的水溶液，分別滴入稀碘溶液並觀察所起的變化。如有變化的輕輕加熱後放置到冷，看其變化。

⑵銀鏡反應

另三支試管中如⑴相同的分別放入1mL的葡萄糖、蔗糖、澱粉水溶液，分別加入5滴的氨性硝酸銀溶液，各放在燒杯中的水浴中加熱1分鐘，觀察所產生的變化。

⑶斐林試驗

與⑴相同的，在三支試管中分別放入葡萄糖、蔗糖、澱粉水溶液1mL，分別加入斐林試液5滴，在燒杯中的水浴中溫和加熱1分鐘，觀察所產生的變化。

2. 加水分解

⑴蔗糖的加水分解

在試管中加入蔗糖水溶液2mL、稀硫酸2mL及沸石1～2個，如圖38-1所示溫和加熱約3分後放置冷卻。冷卻後將2.5mL的碳酸鈉溶液慢慢加入以中和溶液的硫酸，加入斐林溶液後加溫觀察所產生的變化。

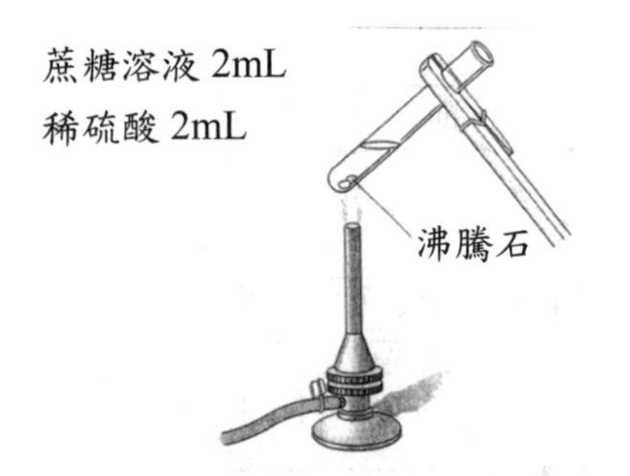

圖38-1　蔗糖的加水分解

⑵澱粉的加水分解

澱粉水溶液 2mL 與⑴一樣加 2mL 稀硫酸及沸石，溫和加熱約 3 分並冷卻後加碳酸鈉溶液中和。將所得溶液分兩部分，一部分加入數滴稀碘溶液，另一部分加入斐林溶液各在水浴加熱並觀察所起變化。

⑶纖維素的加水分解

剪取 5mm 立方的脫脂棉放入試管中，加一點水使其濕潤後加入數滴濃硫酸。放置數分鐘後小心加入 1～2mL 的水並煮沸約 1 分。冷卻後慢慢加入碳酸鈉溶液中和後，從事斐林試驗。

❖結果及討論

1. 之⑴到⑶的實驗結果

	葡萄糖	蔗糖	澱粉
碘澱粉反應			
銀鏡反應			
斐林試驗			

2. 加水分解前後性質的改變情形

蔗　糖____________________

澱　粉____________________

纖維素____________________

❖實驗注意事項

1. 糖類性質的比較

⑴澱粉加碘的碘化鉀溶液時變藍到藍紫色，這是螺旋狀連結的澱粉分子的中間部份有長鏈狀的I_5^-進入而吸收可視光譜並放出特定的藍色的呈色反應。

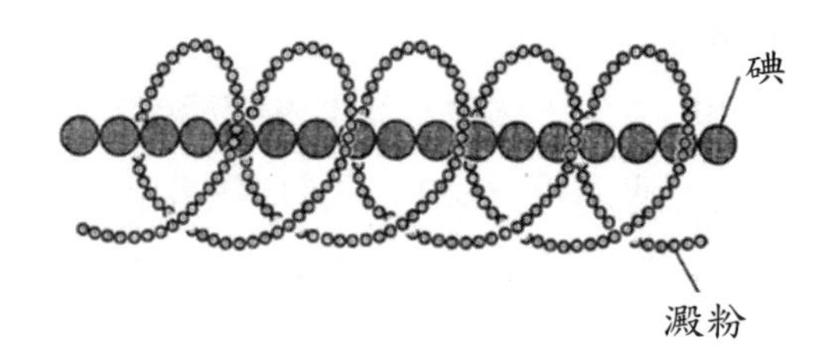

圖 38-2　I_5^- 進入澱粉分子間呈藍色

呈色的水溶液加熱時，碘分子從澱粉分子的中間部分脫離而失去顏色。

碘不易溶於水，但碘易溶於碘化鉀溶液，因此使用碘的碘化鉀溶液，此時碘是以分子狀態溶於碘化鉀溶液的。

⑵銀離子在氨水溶液中以錯離子方式溶解。以葡萄糖等的還原劑作用時，銀離子被還原為銀，析出於試管內壁生成銀鏡。

⑶斐林試液與葡萄糖等還原劑作用時生成氧化亞銅Cu_2O的紅色沉澱。以 R-CHO 代表葡萄糖：

$$R\text{-}CHO + 2Ag(NH_3)_2^+ + 3OH^- \rightarrow 2Ag + RCOO^- + 4NH_3 + 2H_2O$$

$$R\text{-}CHO + 2Cu^{2+} + 5OH \rightarrow Cu_2O + RCOO^- + 3H_2O$$

2. 加水分解

⑴蔗糖為葡萄糖與果糖縮合而成的雙醣，蔗糖與稀硫酸共熱時，起加水分解為葡萄糖與果糖，兩者都是單醣並具還原性質。

$$\underset{\text{蔗糖}}{C_{12}H_{22}O_{11} + H_2O} \xrightarrow[\triangle]{\text{酸水解}} \underset{\text{D－葡萄糖}}{D\text{-}C_6H_{12}O_{11}} + \underset{\text{D－果糖}}{D\text{-}C_6H_{12}O_{11}}$$

D－葡萄糖：CHO－(H－C－OH)－(HO－C－H)－(H－C－OH)－(H－C－OH)－CH_2OH

D－果糖：CH_2OH－(C＝O)－(HO－C－H)－(H－C－OH)－(H－C－OH)－CH_2OH

⑵澱粉與稀硫酸共熱起加水分解而生成葡萄糖，葡萄糖具還原性質。

$$(C_6H_{10}O_5)n + nH_2O \xrightarrow[\triangle]{\text{酸水解}} nC_6H_{12}O_6$$

澱粉　　　　　　　　葡萄糖

(3)纖維素與稀硫酸共熱時起加水分解而生成葡萄糖，葡萄糖具有還原性質。

❖結果及討論

1. 之(1)(2)(3)結果如下：

蔗糖為雙醣，澱粉、纖維素為多醣而都起加水分解生成單醣。

	葡萄糖	蔗糖	澱粉
碘澱粉反應	無反應	無反應	呈藍紫色
銀鏡反應	生成銀鏡	無反應	無反應
斐林試驗	紅褐色沈澱	無反應	無反應

2. 追蹤實驗

糖類可用市販的冰糖、方糖、果糖、代糖等嘗試。不用硫酸的加水分解可試長時間的煮沸、用於消化劑的酵素的加水分解等。

實驗三十九　光電比色計測定空氣中的氮氧化物

❖目的

由空氣中所含一氧化氮與二氧化氮的測定實驗，學習光電比色計的操作及應用。

❖概論

物質吸收光時放出自由電子（即光電子），利用此光電效應，將光轉換為電流，由測定電流強度求光量的裝置稱為光電光度計（photoelectric photometer）。光電光度計分數種類，但都含電源部分，受光部分，測定槽，光圈，一連串的透鏡系列、單色光部分及光源所成。光電比色計（phoyoelectric colorimeter）為光電光度計的一種而在單色光部分使用不同顏色的濾鏡玻璃的。

右圖為光電比色計的結構圖。光電比色計較分光光電光度計的裝置堅固而操作簡單，但在單色光部使用濾鏡片，因此較難得任意波長的光，其吸收曲線較廣泛因此通常用於比色分析而已。

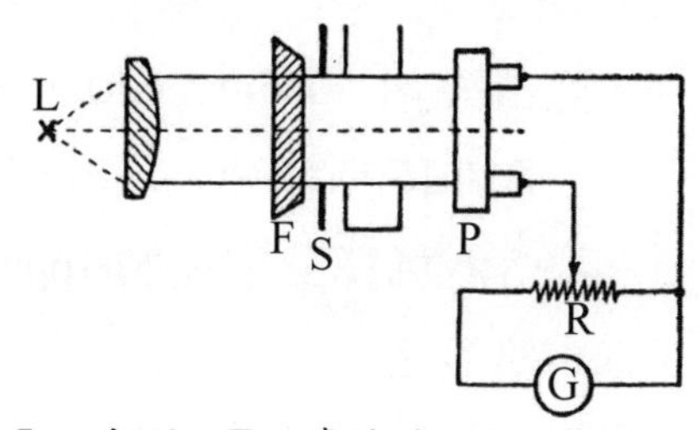

L：光源　F：濾鏡片　S：光圈
P：光電池　R：抵抗　G：檢流計
圖 39-1　光電比色計結構

比色分析的定量原理是根據比耳定律（Beer's Law）即光線通過某物質溶液時透過光的強度，液層長度，濃度和吸收度間有下列關係。

$$A = \varepsilon bc，A = \log (Po/P)$$

A：吸收度（absorbance）

ε：莫耳吸收係數（molar absorptivity）

b：途徑長即液層長度

c：濃度（molar concentration）

Po：進入試樣的光線強度

P：通過試樣後的光線強度

因吸收度與濃度成正比關係，故配製一系列待測物質的標準溶液，以其吸收度對濃度作圖時，將可得一通過原點的畫線為校準曲線（calibration curre）。測定未知溶液的吸收度，利用內插法即可求出其含量（如圖 39-3）

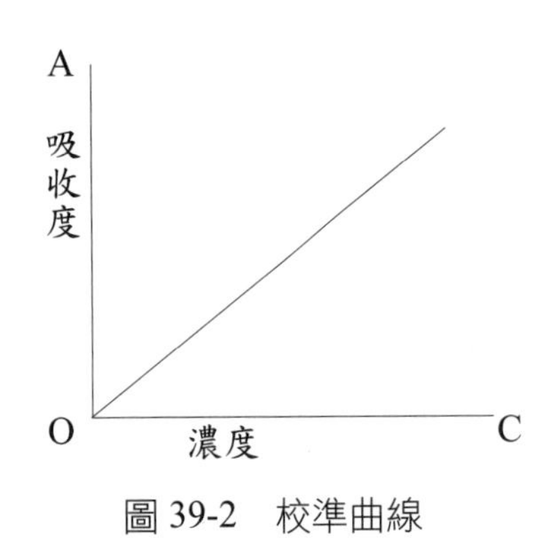

圖 39-2　校準曲線

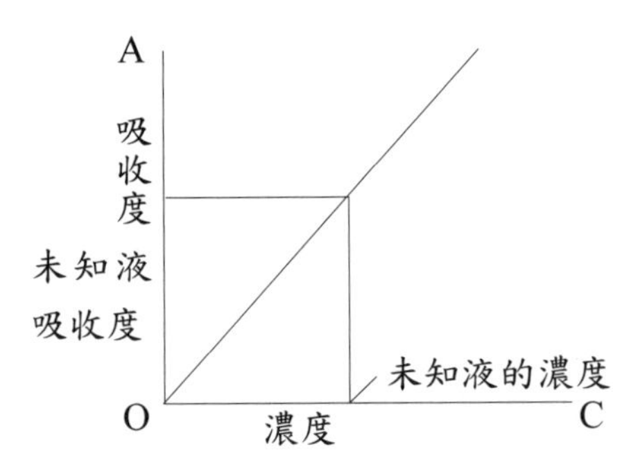

圖 39-3　內插法求未知液的濃度

❖藥品

亞硝酸鈉（sodium nitrite; $NaNO_2$）

取 0.15 克 $NaNO_2$ 加蒸餾水到一升成含 NO_2 100ppm 的標準溶液。取此溶液稀釋分別配製 1ppm, 0.5ppm, 0.25ppm, 0.125ppm NO_2 各 100mL 的標準溶液。

三乙醇胺〔triethanolamine, $N(CH_2CH_2OH)_3$　簡稱 TEA〕

取 20 克的 TEA 溶解於 80 克的酒精而配製為 20% 的 TEA 酒精溶液

發色劑 A

取 20 克的磺胺〔sulfanilamide, 4-$(NH_2)C_6H_4SO_2NH_2$〕與磷酸 50mL 再加蒸餾水配成一升溶液

發色劑 B

取 1 克的 N (1-萘基)二氫氯化乙二胺〔N-(1-naphthyl) ethlenediamine dihydrochloride〕溶解於蒸餾水成一升溶液

95%　酒精

❖器材

天　　平		
光電比色計（附光電比色管）		
量　　瓶	1000mL	3個
量　　瓶	100mL	6個
燒　　杯	400mL	2個
滴　　管		2支
定量吸管	10mL	1支
安全吸球		1個
玻　　棒		1支
濾　　紙		

❖實驗步驟

1. 取一濾紙浸於20%的TEA酒精溶液中約10分鐘後，取出放在乾淨處烘乾。
2. 將此濾紙放於屋頂或其他固定待測地點一段時間，以吸收空氣中所含的NO_2，注意避免淋雨。
3. 用定量的水（50mL），洗出濾紙中吸收的NO_2。
4. 在浸洗液50mL中加入發色劑A 2mL和發色劑B 0.5mL。
5. 所配製的各標準溶液50mL中亦分別加入到發色劑A 2mL及發色劑B 0.5mL。
6. 靜置約30分鐘，取其一種溶液於測定用的比色管中利用光電比色計找出最大的吸收波長（λmax）。
7. 利用比耳定律使用光電比色計做濃度測定。

　註一：步驟3　取樣地點改變外，浸洗的體積亦可改變。

　註二：Spectronic 20D光電比色計的操作

1. 開啟零點後即按電流，熱機（warm up）15分鐘，使儀器穩定。

2. 調整波長選擇鈕，直到數字出現所需要的波長（543nm）。
3. 利用按鈕「mode」調整儀器功能在「Transmitance」的地方。
4. 調整零點，使百分透光率為 0。
5. 將空白液（即對照組）插入試樣槽中，插入時注意試管上的刻線對準試樣槽上的標記。
6. 旋轉光量調整鈕，使透光率為 100%。
7. 取出空白液，插入裝有待測液的光電比色管。
8. 按「mode」使功能鍵在「Absorbance」。
9. 讀取吸收度。

❖結果及討論

1. **儀器設定波長（λmax）**

2. **吸收度的測定：**

(1) NO_2 標準溶液的測定

濃度	吸收度

(2)空氣中 NO_2 (NO)的測定，吸收度____________

3. **測定空氣中 NO_2 (NO)的含量**

(1)以吸收度對濃度作圖，製作一校準曲線。
(2)利用內插法，求出空氣中 NO_2 (NO)的濃度為

4. **發色劑 A 及發色劑 B 的作用為何？**

5. **為何要先找波長λmax？**

實驗四十　紅外線光譜儀測硬脂酸及其鈉鹽之光譜

❖目的

學習紅外線光譜儀的操作方式，固體試樣的壓片及塑膠膜的製備紅外線光譜吸收帶的辨認與紅外線分析。

❖概論

分子具有兩種基本振動的方式，一為伸縮振動（stretching vibration），另一為彎曲振動（bending vibration）或稱變形振動（deformation vibration）。一個化學鍵上種種不同的伸縮或彎曲振動，發生於特定的頻率，當與分子振動同一頻率的紅外光照射在分子上，能量就被吸收，而振動的振幅會增加。分子由受激發狀態回到原來的基底狀態時，此吸收的能量以熱的形式放出。

一個含有 n 個原子的非直線形的分子，具 3n − 6 種（直線形分子含 3n − 5 種）可能的基本振動形式。因此簡單的甲烷分子和苯分子，各具 9 種及 30 種可能的基本吸收帶。一特殊的振動，若在紅外光區域有吸收，則此一振動必導致分子偶極矩（dipole moment）的改變，因此含有某些對稱元素的分子，將顯出比較簡單的光譜。如果吸收產生在普遍檢驗的範圍之外，或數種振動引起的吸收太靠近，以致不能分解，或者是吸收的強度太弱等情況，都無法觀察到預期的吸收帶數。

製備固樣試樣的方法有四種：

1. 壓片法

將試樣做成鹼金屬鹵化物的薄片。將 1 毫克的試樣與 100～200 毫克的溴化鉀在研缽磨成粉末後，把此試樣混合物置於壓製模中，於高壓下壓成透明的溴化鉀片。此法主要缺點在於壓片過程中，水蒸氣易吸附在溴化鉀片上，造成 O-H 吸收帶的困擾。

2. 調糊法

固體試樣亦可製成粉膏狀來測定光譜，取約 6 毫克的固體試樣和一小滴適當的混合劑磨成粉膏狀，放在兩片氯化鈉中測定。最適用的混合劑是Nujol。此法的缺點是糊會造成光的散射，使吸收帶的強度減弱。

3. 溶液法

將試樣溶解於適當溶劑當成稀溶液來測量（如同液體試樣的處理方法）。此法需注意溶劑的選擇。

4. 薄膜法

有些固體試樣，可使用薄片切片機切成適當厚度的薄片。或將固體試樣熔化後令其乾燥成薄膜，或以適當溶劑溶解後蒸發溶劑成薄膜來測量。此法的缺點是薄膜形成後，手指油污沾在膜上造成的干擾吸收。

❖藥品

硬脂酸
硬脂酸鈉鹽
溴化鉀
聚苯 乙烯膠膜

❖器材

紅外線光譜儀
壓片機
瑪瑙研缽
乾燥器
稱量瓶
天　平

❖ 實驗步驟

1. 準備待測試樣

⑴將硬脂酸、硬脂酸鈉鹽及溴化鉀，分別放在乾燥器中貯存一天。

⑵取聚苯乙烯（polystyrene）膠膜，校正紅外線光譜儀的波長（或波數）刻度（校準線可用3.51μ即2851cm^{-1}，6.25μ即1601cm^{-1}，11.02μ即907cm^{-1}等的吸收線）—儀器操作如步驟2。

⑶稱取1毫克硬脂酸與150毫克溴化鉀於瑪瑙研缽中研磨成極細粉末，混合均勻並以壓片機打成薄片。以同樣方式做硬脂酸鈉鹽的薄片。

⑷另外壓製純溴化鉀片放入光譜儀的參考槽，將試樣的溴化鉀片放在樣品槽，測其光譜。

2. 光譜儀及電腦的操作

如下表方式進行。

Spectrum for Window BX. RX. SOP

1.由下拉式功能表 Instrument 中選擇 Scan Background設定各項背景參數（設定須和 Scan Sample 相同）：a.檔案名稱 b.掃描範圍 c.掃描次數 d.解析度 e.取點間隔。
2.確認Sample Area中是否空的，無任何東西
3.按 OK，進行背景掃描

1.將完成樣品圖譜在 Tool bar 按 Auto X、AutoY 放到最大
2.由下拉式功能表 View 及 Process 中選擇所需功能處理圖譜。

1.關閉電腦操作軟體，離開 windows 系統
2.關閉電腦
3.注意儀器應維持開機狀態。

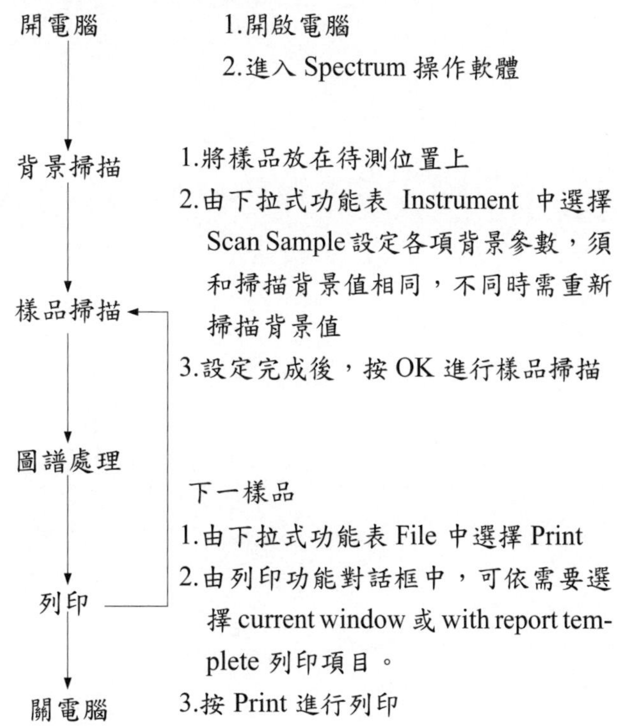

❖結果及討論

實驗條件：⑴波數掃瞄速度（時間）=______

⑵波數刻度選擇=______

所測紅外線吸光譜縮小影印

❖討論

⑴解析硬脂酸及其鈉鹽之紅外線光譜，並說明其相異點。

⑵解析塑膠膜的紅外線光譜。

⑶普通紅外光領域包括波長由2.5μ到25μ。0.8μ到2.5μ為近紅外光，15μ到 200μ為遠紅外光。溴化鉀在 2.5μ到 15μ範圍內不吸收紅外光。試由此解釋為何固體試樣和溴化鉀混合打片以測定光譜。

附　錄

一、化學實驗用器具及其使用法

(一)燒杯 beaker

燒杯為化學實驗最常用的玻璃器具。通常用於盛溶液、溶解物質為溶液、使試劑溶液進行反應、加熱溶液必要時使溶液蒸發等使用。

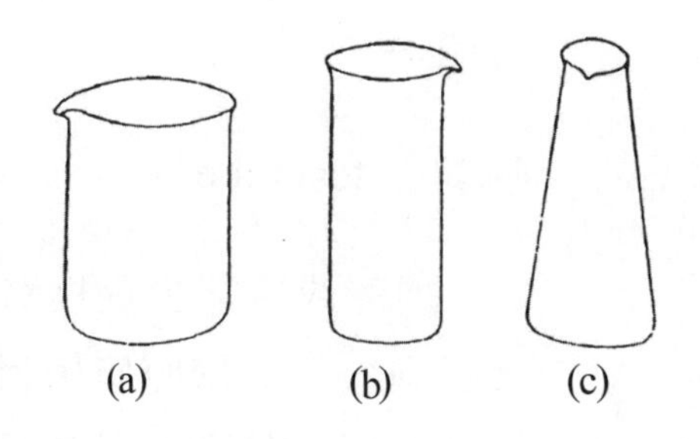

一般市售的燒杯 50mL 到 1L 的容量可依照用途選擇適當大小的燒杯，惟最好使用鉀玻璃或派熱司（pyrex）玻璃所製的燒杯，鈉玻璃製燒杯因熔點較低，不合適使用。小型的燒杯適合於操作微量或少量物質，加熱時要特別留意不要使溶液噴沸。

(二)燒瓶 flask

廣用做反應容器的玻璃器具，如圖所示有圓底燒瓶、平底燒瓶、梨型燒瓶及錐型瓶等。圓底燒瓶最適合於反應使用，平底燒瓶適用於放液體但不適合於加熱使用但可用於洗瓶。梨型燒杯組成比較厚，故用於較危險性的反應或做真空蒸餾時的接液器，在燒瓶中生成結晶晶體或固化時亦較易取出。錐型瓶底為平的因此較穩定適合於放入液體，常用於蒸餾時的接液器。

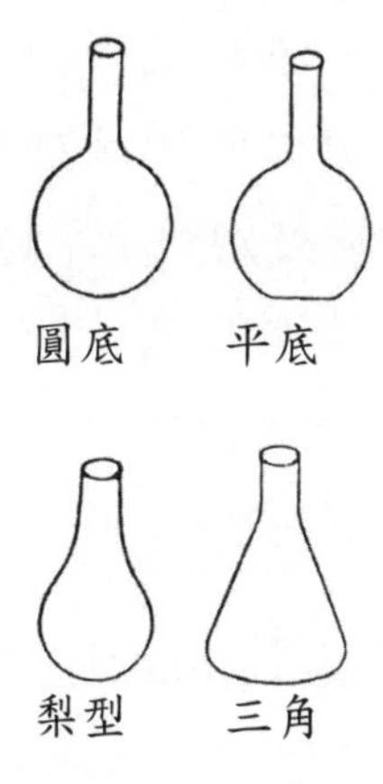

㈢蒸餾燒瓶 distilling flask

蒸餾燒瓶為一般圓底燒瓶的頸部有枝管的燒瓶較普通燒瓶能夠正確量取液體沸點，因此能夠分餾溶液又稱為分餾燒瓶。圖(a)枝管較低的蒸餾燒瓶用於高沸點液體，(b)枝管較高的用於低沸點液體。

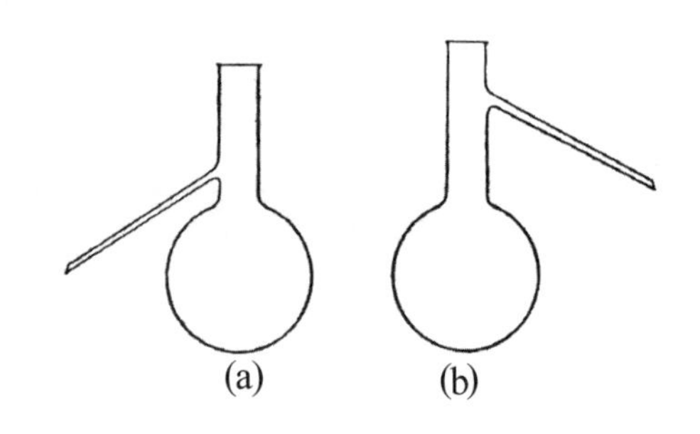

㈣試管 test tube

加熱或冷卻少量物質或液體時使用試管。其容量由 5mL 到 100mL 等不同大小而依照使用目的及物質大小選用。試管壁較厚的看起來較強硬，但加熱到高溫較易破損，加熱時最好用鉀玻璃或派熱司玻璃製的試管。

普通使用的試管以內徑 1.5cm 為適當。使用試管前要洗乾淨並注意觀察試管有無裂縫或小孔存在。加熱時應使用試管夾夾住試管，注意試管口不能朝向任何人以免噴沸出液體或氣體損傷人。試管夾如圖所示每人最好有一支，加熱過的試管或反應過程的試管立於試管架上，俟其冷卻或觀察其反應過程。

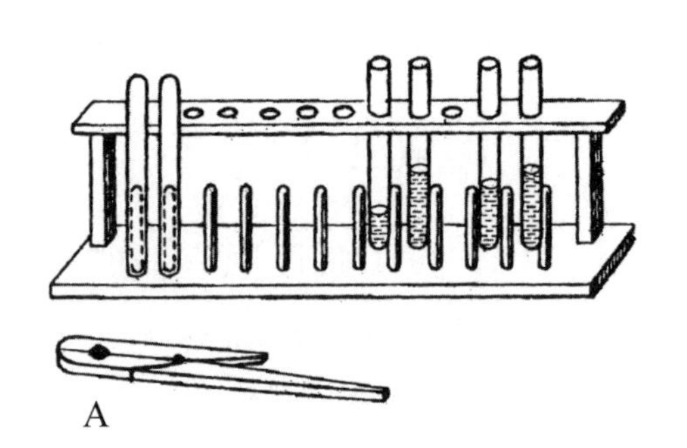

㈤漏斗 funnel

1. 漏斗的種類

分離沉澱反應所生成的沈澱與濾液常使用的過濾用的漏斗。普通所用的漏斗為如圖(a)所示玻璃

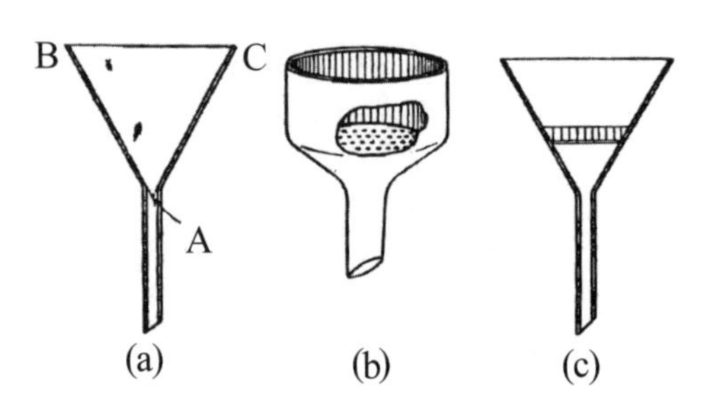

喇叭型漏斗，其開角（∠BAC）約60°，AB 壁 AC 壁為一直線不彎曲的。圖(b)是吸濾漏斗（suction funnal），俗稱布赫納漏斗（Buchner funnel），瓷製的直徑5cm到15cm，底部有多數細孔的瓷板連在一起。布赫納漏斗放在過濾瓶上面以抽氣方式吸引過濾。因過濾面積大而且吸引過濾，故所需時間較短而且可得較大量的沉澱。

2. 摺濾紙

普通玻璃漏斗過濾時需加濾紙。濾紙放入漏斗前必須摺 4 摺、8 摺、16 摺或 32 摺，視需要來決定。摺數多可增加過濾面積。最常用的是4摺，如圖所示將濾紙對摺再對摺後打開成圓錐狀後撕去一角，使濾紙與漏斗能密切結合，沒有空氣滲入其間易於過濾。要使過濾更快時使用 8 摺或 16 摺的濾紙。如圖所示先對摺後以 8 等分（或 16 等分）方式做記號並以記號來折後打開成圓錐狀即成。

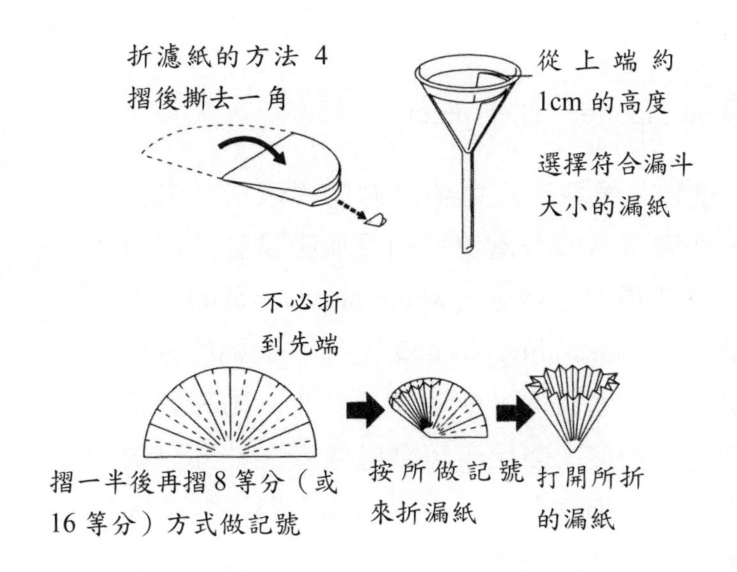

㈥量筒 measuring cylinder

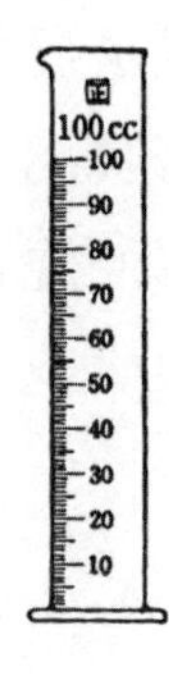
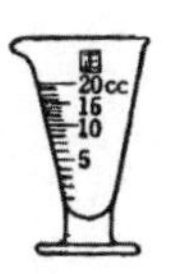

用於量液體體積的容器，通常為圓筒狀，但小型的如圖所示有圓錐形的量筒。量筒的容量有10、20、50、100、200 到 1000mL 的一般實驗常用的 10、50、100mL的量筒。讀取量筒所需液體的體積如圖所示直立量筒後使眼球的視線與液體的凹面（液體澄清時）或凸面（著色液體）等齊而讀取最小刻度之 1/10 為止。

量筒只用於量液體的體積，不能用於加熱液體，否則容易破損。

㈦量瓶 measuring flask

配指定濃度溶液所使用的玻璃容器而有容量 10，25，100，250，500，1000mL 的。將液體在量瓶中加到量瓶頸部的刻線而得其表面表示的體積。量瓶與量筒一樣不能用於加熱。自固體配成一定體積一定濃度的溶液，不要把固體物質直接放入量瓶中來進行溶解的程序，應預先使用燒杯將固體溶解於溶劑後倒入量瓶，再用溶劑沖洗燒杯數次，洗液亦倒入量瓶，最後加溶劑到量瓶頸部的刻線方式配製。

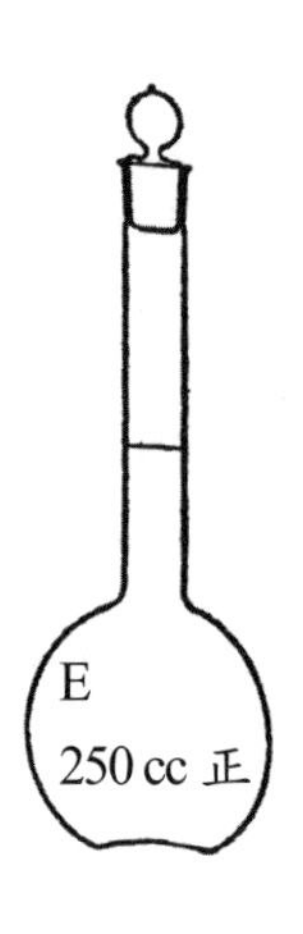

㈧吸量管 pipette　吸管 pipet

吸量管為量取一定體積液體所用液量計之一種而有如圖所示較普遍使用的量取吸量管球部所表示一定體積的全吸管（whole pipette）及(b)所表示的量吸管（measuring pipette）全管有較細的刻度而可量取任意體積的。使用吸量管時，⑴先觀察吸量管上的刻度。⑵手不可拿吸量管尖端部以防止污染藥品或傷害自己手指。⑶操作時一定要固定吸量管，並注意吸量管的刻度須面向自己。⑷吸量管的最後一滴是否要吹出，須由刻度來判斷，或是於使用前先吸水，觀察其流動狀況來決定是否吹出。⑸使用完的吸量管以清潔劑洗淨後，用水沖洗再用蒸餾水潤濕並自然風乾，不可在烘箱中烘乾。

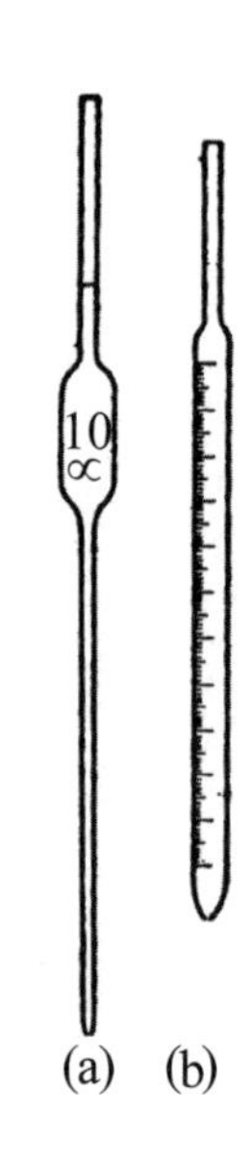

(a)　(b)

㈨滴定管 burette

滴定過程所用玻璃長管柱有刻度而可量取流出液體體積的容器與滴定管，通常為 50mL，25mL 的滴定管而刻度到 0.1mL 但可由滴定人的目測到 0.01mL 為止。滴定管口部以玻璃塞開關的稱蓋斯粒滴定管（Geissler burette，圖(a)），適合於裝酸類溶液。滴定管口如圖(b)所示以橡皮管連尖嘴而中間用鐵夾夾的為莫而滴定管（Mohr burette）適合於裝鹼溶液。滴定管的清潔方法與吸量管相同。

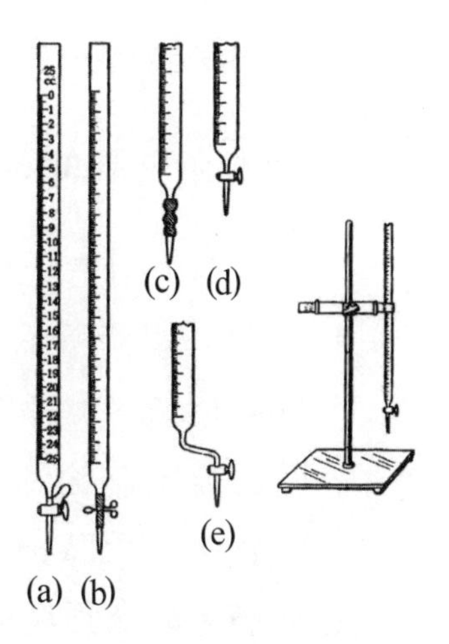

㈩安全吸球 Safety bulb

吸量管通常以嘴吸氣方式量取液體，可是有毒的液體或激烈反應性的液體，應以安全吸球代替嘴來量取液體。安全吸球如圖所示，以手指壓A處時橡皮頸部有空隙產生連於外部空氣，因此壓球部時可排出球內的空氣。壓S部時吸量管與橡皮球部連起來並吸上液體於吸量管中。壓E部時吸量管與外部空氣連在一起可排出液體。

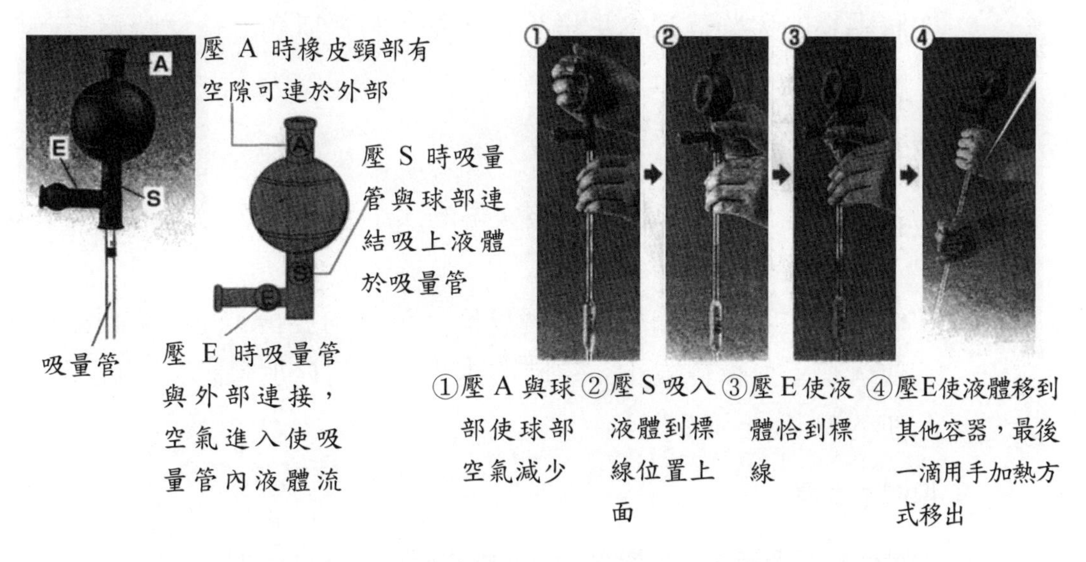

使用安全吸球的注意事項為：⑴當取用有毒液體或易揮發溶劑時，吸量管應與安全吸球合用。⑵用安全吸球吸入液體時不可過快，

以免液體進入球內來腐蝕球體。⑶吸量管插入球體內時，不可太過深入否則不易取出。⑷取用液體時，吸量管刻度須面向操作者。⑸使用完畢後將安全球體還原原型，否則易彈性疲乏。

㈩本生燈 Bunsen burner

本生燈為化學實驗較常用的熱源，如圖所示由 a 到 c 的三個部分所成。a 為空氣調節栓，順時鐘方向旋栓到底時空氣不能進入管中，反時鐘旋轉時空氣進入愈多。b 為瓦斯調節栓，順時鐘方向旋轉進入的瓦斯愈少，反時鐘方向旋轉時，進入管中的瓦斯量愈多。C 為本生燈座。

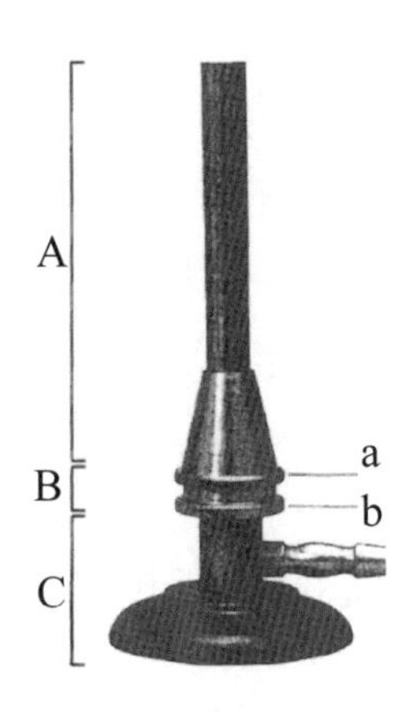

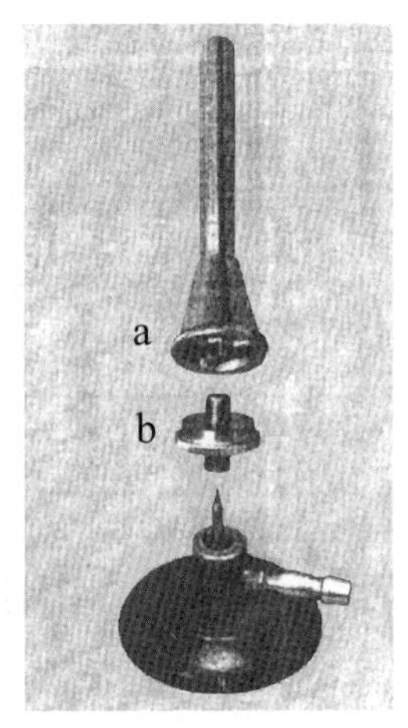

1. 點燃本生燈步驟

⑴確認空氣調節栓及瓦斯調節栓都順時鐘方向栓住（不能栓太緊，否則不易打開）。

⑵打開連於本生燈的瓦斯開關。

⑶將點燃的火柴移到本生燈管口，把 b 的瓦斯調節栓反時鐘方向旋轉一些點火本生燈。

2. 調節本生燈的火焰

⑴繼續旋轉瓦斯調節栓，調整火焰的大小到約 10 公分，這時的火焰為黃色火焰。

⑵左手壓住瓦斯調節栓而慢慢以反時鐘方向旋轉 a 的空氣調節栓，使火焰呈淡藍色為止。這時的本生燈可用於加熱試管、燒杯或燒瓶的熱源。

3. 熄滅本生燈

⑴壓住瓦斯調節栓，先把空氣調節栓向順時鐘方向旋到底（不可太緊）。

⑵壓住本生燈座，將瓦斯調節栓向順時鐘方向旋到底，火就熄滅。

⑶關住連於本生燈的瓦斯開關。

㈩加熱板 heater

以電操作的加熱板較本生燈加熱的面積大很多並較易控制加熱的溫度。使用時要留意：

1. 使用前先將加熱的盤面擦乾淨。
2. 使用時不可立即旋轉鈕開到[Hi]位置，應採取漸進的方式加熱，即自[LOW]→[1]→[2]→[3]等等到熱度足夠就可，不可一直保持在[Hi]上，以免減少機器壽命。
3. 做水浴時，需先將玻璃容器外圍擦乾淨，否則加熱時容易破裂而流到加熱器產生危險。
4. 加熱板的質料為瓷板，取用時需小心。
5. 使用完時，不可用冷水或冰塊直接冷卻加熱板面，應使其自然冷卻後才歸教師指定位置。
6. 注意！加熱板面無任何表示，只有指示燈微亮，切勿將手放置加熱板面上以免燙傷。

㈫電動天平　electronic balence

化學實驗所用於稱物質質量所用的天平過去使用上皿天平、三樑天平等，但近年來使用簡單並可精確測定的電動天平（如圖）。其使用方法為：

1. 打開開關
2. 數字歸零。輕壓[Tare]鍵至[0.0000]出現為止。
3. 扣除紙重：輕放一張稱量紙或稱量瓶（weighing bottle）於稱盤上，再輕壓[Tare]到[0.0000]出現為止。使其再歸零。
4. 稱重：將試藥或物質加在稱量紙（或瓶）到所需要的重量，或加入一定試藥或物質，讀取其重量並做記錄。

5. 輕輕取出所稱的試藥或物質。
6. 設當天要繼續使用天平時再使其歸零，否則關閉電源並清理天平。

❖注意事項

1. 不可重擊電動天平體
2. 稱試劑或物質需使用預先摺好的稱藥紙，不可直接將試劑或物質直接放置於稱盤上。
3. 不可用於稱量熱的物品。
4. 清理時使用酒精擦拭天平、不可用水擦拭以免生銹。

二、常用試劑配製法

1. **鹽酸**　HCl　6N

將濃鹽酸（比重 1.19，37%HCl）慢慢加入於同體積的水中，混合均勻成 6N HCl。

2. **硫酸**　H_2SO_4　18N

慢慢加入濃硫酸（比重 1.84，95%H_2SO_4）465mL 於水中，一面加入一面輕輕攪拌成一升的 18N H_2SO_4。

3. **硝酸**　HNO_3　6N

將濃硝酸（比重 1.42，69%HNO_3）380mL 慢慢加入於水中，一面加一面輕輕攪拌成一升的 6N HNO_3。

4. **醋酸**　$HC_2H_3O_2$　6N

冰醋酸 350mL 加入於水中成一升的 6N $HC_2H_3O_2$。

5. **氫氧化鈉**　NaOH　6N

稱取 240g 的氫氧化鈉溶於水中成一升的 6N NaOH 溶液。

6. **氫氧化鉀**　KOH　6N

336.6g 的氫氧化鉀溶於水中成一升的溶液。

7. **氨水**　NH_3　6N

將市售濃氨水（比重 0.90，28%NH_3）400mL 加入水中成一升的溶液。

8. 氯水　$Cl_{2(aq)}$

將氯氣在通風櫥通入於水中到飽和成氯水。

9. 氯化銨　NH_4Cl　3M

稱取160g氯化銨溶於水成一升溶液。

10.碳酸銨　$(NH_4)_2CO_2$　1.5M

稱取 171g 的一水分含碳酸銨[$(NH_4)_2CO_3$・H_2O]溶解於水中成一升溶液。

11.硫氰化銨　NH_4SCN　1M

稱取76g的硫氰化銨溶液於水中成一升溶液。

12.硝酸銀　$AgNO_3$　1M

稱取170g的硝酸銀晶體，小心不可與皮膚接觸而倒入蒸餾水中溶解成一升的溶液。

13.過錳酸鉀　$KMnO_4$　0.1M

溶解15.8g過錳酸鉀晶體於水中成一升溶液。（需迪貯存於棕色瓶中）

14.二鉻酸鉀　$K_2Cr_2O_7$　0.5M

稱取147g二鉻酸鉀晶體溶解於水中成一升溶液。

15.鐵氰化鉀　$K_3Fe(CN)_6$　0.05M

溶解15.9g鐵氰化鉀晶體於水中成一升溶液。

16.亞鐵氰化鉀　$K_4Fe(CN)_6$　0.05M

溶解21g 三水合亞鐵氰化鉀晶體[$K_4Fe(CN)_6$・$3H_2O$]於水中成一升溶液。

17.鉻酸鉀　K_2CrO_4　0.3M

稱取55g鉻酸鉀晶體溶解於水成一升溶液。

18.碘溶液　I_2　溶於 KI

稱取 20g 碘，60g 碘化鉀共同溶解於水成一升溶液。

19.碘化鈉　NaI　0.1M

溶解 18.6g 二水合碘化鈉晶體[$NaI \cdot 2H_2O$]於水中成一升溶液。

20.碘化鉀　KI　0.1M

溶解 16.6g 碘化鉀晶體於水中成一升溶液。

21.亞硫酸鈉　Na_2SO_3　0.1M

溶解 25.2g的七水亞硫酸鈉晶體($Na_2SO_3 \cdot 7H_2O$)於水中成一升溶液。

22.醋酸鉛　$Pb(C_2H_3O_2)_2$　0.5M

溶解 190g的三水合醋酸鉛晶體[$Pb(C_2H_3O_2 \cdot 3H_2O)$]於水中在一升溶液。

23.氯化亞錫　$SnC1_2$　0.5M

溶解 113g 氯化亞錫於 170mL 的濃鹽酸後加水成一升溶液。

24.硫氰化銨　NH_4CNS　0.1M

溶解 7.612g 的硫氰化銨於水中成一升溶液。

25.亞硝酸鈉　$NaNO_2$　0.1M

溶解 6.90g 的亞硝酸鈉於水中成一升溶液。

26.溴酸鉀　$KBrO_3$　0.1M

溶解 2.78g 的溴酸鉀於水中成一升溶液。

27.草酸鈉　$Na_2C_2O_4$　0.1N

溶解 6.70g 的草酸鈉於水中成一升溶液。

28.斐林試液（Fehling Solution）

A液：溶解 40g的五水合硫酸銅晶體($CuSO_4 \cdot 5H_2O$)於水中成一升溶液，貯存於 A 瓶中。

B 液：溶解 200g 的酒石酸鉀鈉[$KNaC_2H_2(OH)_2(COO)_2$]及 150g 的氫氧化鈉於水中成一升溶液，貯存於 B 瓶。

使用時混和苒體積的A液與B液混合。

29.多倫溶液（Tollen solution）

將1g的硝酸銀溶解於20mL水，後一面攪拌一面滴加氨水到開始時所生成的氧化銀褐色沈澱完全溶解。

30.丁二酮二肟試液（dimethyglyoxime）

把1g的丁二酮二肟$[(CH_3)_2C_2(NOH)_2]$溶解於酒精成100mL的溶液。

三、飽和水蒸氣壓力表

溫度 ℃	壓力 atm	壓力 mmHg	溫度 ℃	壓力 atm	壓力 mmHg
0	0.0060	4.6	28	0.0373	28.7
1	0.0065	4.9	29	0.0395	30.0
2	0.0070	5.3	30	0.0419	31.8
3	0.0075	5.7	31	0.0443	33.7
4	0.0080	6.1	32	0.0470	35.7
5	0.0086	6.5	33	0.0496	37.7
10	0.0121	9.2	35	0.0555	42.2
15	0.0168	12.8	40	0.0728	55.3
20	0.0231	17.5	50	0.122	92.5
21	0.0245	18.7	60	0.197	149.4
22	0.0261	19.8	70	0.308	233.7
23	0.0277	21.1	80	0.467	355.1
24	0.0294	22.4	90	0.692	525.8
25	0.0313	23.8	100	1.000	760.0
26	0.0332	26.7	105	1.192	906.1
27	0.0352	28.3			

註：配合台灣各地實驗室溫度，將20℃至33℃各溫度的飽和水蒸氣壓力均詳列。其他未列溫度，請以內插法求之。

四、溶度積常數（K_{sp}）

$Mg(OH)_2$	8.9×10^{-12}	CoS	5×10^{-22}
MgF_2	8×10^{-10}	NiS	3×10^{-21}
MgC_2O_4	8.6×10^{-5}	PtS	8×10^{-73}
$Ca(OH)_2$	1.3×10^{-4}	$Cu(OH)_2$	1.6×10^{-19}
CaF_2	1.7×10^{-10}	CuS	8×10^{-37}
$CaCO_3$	4.7×10^{-9}	$AgCl$	1.7×10^{-10}
$CaSO_4$	2.4×10^{-5}	$AgBr$	5.0×10^{-13}
CaC_2O_4	1.3×10^{-9}	AgI	8.5×10^{-17}
$Sr(OH)_2$	3.2×10^{-4}	Ag_2S	5.5×10^{-51}
$SrSO_4$	7.6×10^{-7}	ZnS	1×10^{-22}
$SrCrO_4$	3.6×10^{-5}	Hg_2Cl_2	1.1×10^{-16}
$Ba(OH)_3$	5.0×10^{-3}	Hg_2Br_2	1.3×10^{-22}
$BaSO_4$	1.5×10^{-9}	Hg_2I_2	4.5×10^{-20}
$BaCrO_4$	8.5×10^{-11}	HgS	1.6×10^{-54}
$Cr(OH)_3$	6.7×10^{-31}	$Al(OH)_3$	5×10^{-33}
$Mn(OH)_2$	2×10^{-13}	SnS	1×10^{-26}
MnS	7×10^{-16}	$Pb(OH)_2$	4.2×10^{-15}
FeS	4×10^{-19}	$PbCl_2$	1.6×10^{-5}
$Fe(OH)_3$	6×10^{-38}	PbS	7×10^{-29}

五、標準還原電位

半電池反應	E°伏特	半電池反應	E°伏特
$Ag^+ + e \rightleftharpoons Ag$	0.80	$K^+ + e \rightleftharpoons K$	−2.92
$AgBr + e \rightleftharpoons Ag + Br^-$	0.07	$Li^+ + e \rightleftharpoons Li$	−3.03
$AgCl + e \rightleftharpoons Ag + Cl^-$	0.22	$Mg^{2+} + 2e \rightleftharpoons Mg$	−2.37
$AgCrO_4 + 2e \rightleftharpoons 2Ag + CrO_4{}^{2-}$	045	$Mn^{2+} + 2e \rightleftharpoons Mn$	−1.19
$Agl + e \rightleftharpoons Ag + I^-$	−0.15	$MnO_2 + 4H^+ + 2e \rightleftharpoons Mn^{2+} + 2H_2O$	1.23
$Ag_2S + 2e \rightleftharpoons 2Ag + S^{2-}$	−0.71	$MnO_4 + e \rightleftharpoons MnO_4^{2-}$(在 Ba^{2+}存在時)	0.56
$Al^{3+} + 3e \rightleftharpoons Al$	−1.66	$MnO_4^- + 4H^+ + 3e \rightleftharpoons MnO_2 + 2H_2O$	1.70
$Au(CN)_2^- + e \rightleftharpoons Au + 2CN^-$	−0.61	$MnO_4^- + 2H_2O + 3e \rightleftharpoons MnO_2 + 4OH^-$	0.59
$Ba^{2+} + 2e \rightleftharpoons Ba$	−2.90	$MnO_4^- + 8H^+ + 5e \rightleftharpoons Mn^{3+} + 4H_2O$	1.50
$Be^{2+} + 2e \rightleftharpoons Be$	−1.85	$HNO_2 + H^+ + e \rightleftharpoons NO + H_2O$	0.99
$Br_2(aq) + 2e \rightleftharpoons 2Br^-$	1.09	$NO_3 + 3H^+ + 2e \rightleftharpoons HNO_2 + H_2O$	0.94
$Ca^{2+} + 2e \rightleftharpoons Ca$	−2.87	$Na^+ + e \rightleftharpoons Na$	−2.70
$Cd^{2+} + 2e \rightleftharpoons Cd$	0.40	$Ni^{2+} + 2e \rightleftharpoons Ni$	−0.23
$Ce^{4+} + e \rightleftharpoons Ce^{3+}$(在 IFH_2SO_4)	−1.44	$H_2O_2 + 2H^+ + 2e \rightleftharpoons 2H_2O$	1.77
$Cl_2 + 2e \rightleftharpoons 2Cl^-$	1.36	$O_2 + 4H^+ + 4e \rightleftharpoons 2H_2O$	1.23
$2HCIO + 2H^+ + 2e \rightleftharpoons Cl_2 + 2H_2O$	1.63	$O_2 + 2H^+ + 2e \rightleftharpoons H_2O_2$	0.69
$Co^{2+} + 2e \rightleftharpoons Co$	−0.28	$Pb^{2+} + 2e \rightleftharpoons Pb$	−0.13
$Cr^{3+} + 3e \rightleftharpoons Cr$	−0.74	$PbBr_2 + 2e \rightleftharpoons Pb + 2Br^-$	−0.28
$Cr_2O_7^{2-} + 14H^+ + 6e \rightleftharpoons 2Cr^{3+} + 7H_2$	1.33	$PbCl_2 + 2e \rightleftharpoons Pb + 2Cl^-$	−0.26
$Cs^+ + e \rightleftharpoons Cs$	−2.95	$Pbl_2 + 2e \rightleftharpoons Pb + 2l^-$	−0.36
$Cu^+ + e \rightleftharpoons Cu$	0.52	$PbO_2 + 4H^+ + 2e \rightleftharpoons Pb^{2+} + 2H_2O$	1.47
$Cu^{2+} + 2e \rightleftharpoons Cu$	0.34	$PbSO_4 + 2e \rightleftharpoons Pb + SO_{3-}^4$	−0.35
$Cu^{2+} + I^- + e \rightleftharpoons CuI$	0.85	$Rb^+ + e \rightleftharpoons Rb$	−2.93
$F_2 + 2e \rightleftharpoons 2F^-$	2.87	$S + 2H^+ + 3e \rightleftharpoons H_2S$	0.14
$Fe^{2+} + 2e \rightleftharpoons Fe$	−0.44	$S_4O_6^{2-} + 2e = 2S_2O_3$	0.10
$Fe^{2+} + e \rightleftharpoons Fe^{2+}$	0.77	$Sn^{2+} + 2e \rightleftharpoons Sn$	−0.14
$2H^+ + 2e \rightleftharpoons H_2$	0.0000	$Sn^{4+} + 2e \rightleftharpoons Sn^{2+}$(在 1FHCl)	0.14
$Hg^{2+} + 2e \rightleftharpoons 2Hg$	0.79	$Sr^2 + 2e \rightleftharpoons Sr$	−2.89
$Hg_2Cl_2 + 2e \rightleftharpoons 2Hg + 2Cl^-$	0.27	$Tl^+ + e \rightleftharpoons Tl$	−0.34
$Hg_2Br_2 + 2e \rightleftharpoons 2Hg + 2Br^-$	0.14	$Tl^{3+} + 2e \rightleftharpoons Tl^+$	1.28
$Hg_2l_2 + 2e \rightleftharpoons 2Hg + 21^-$	−0.04	$V^{2+} + 2e \rightleftharpoons V$	−1.25
$Hg^{2+} + 2e \rightleftharpoons Hg$	0.85	$VO^{2+} + 2H^+ + e \rightleftharpoons V^{3+} + H_2O$	0.34
$2Hg^{2+} + 2e \rightleftharpoons Hg_2^{2+}$	0.91	$V(OH)_4 + 2H^+ + e \rightleftharpoons VO^{2+} + 3H_2O$	1.00
$1_2 + 2e \rightleftharpoons 21^-$	0.564	$Zn^{2+} + 2e \rightleftharpoons Zn$	−0.76
$HIO + H^+ + 2e \rightleftharpoons 1^- + H_2O$	0.99		
$2IO_3^- + 12H^+ + 10e \rightleftharpoons 1_2 + 6H_2O$	1.19		
$H_5IO_6 + H^+ + 2e \rightleftharpoons IO_3^- + SH_2O$	1.6		

六、常用化學式量表

AgBr	187.78	KCl	74.56
AgCl	143.32	$K_2Cr_2O_7$	294.20
Ag_2CrO_4	331.74	$KHC_8H_4O_4$	204.23
AgI	234.77	KI	166.01
$AgNO_3$	169.88	KIO_3	214.00
As_2O_3	197.84	$KMnO_4$	158.04
$BaCl_2$	208.26	KNO_3	94.20
$BaCO_3$	197.35	KOH	56.11
BaO	153.34	K_2SO_4	174.27
$Ba(OH)_2$	171.35	$MgCl_2$	95.22
$BaSO_4$	233.40	$MgCO_3$	84.32
$CaCO_3$	100.09	MgO	40.31
CaC_2O_4	128.10	$Mg(OH)_2$	58.33
CaO	56.08	MnO_2	86.94
$Ca(OH)_2$	74.10	NH_3	17.03
$Ca_3(PO_4)_2$	310.18	NH_4Cl	53.49
$CaSO_4$	136.14	$(NH_4)_2C_2O_4$	124.10
CO_2	44.01	$(NH_4)_2SO_4$	132.14
CuO	79.54	NaBr	102.90
$CuSO_4 \cdot 5H_2O$	249.68	$NaC_2H_3O_2$	82.04
FeO	71.85	Na_2CO_3	105.98
Fe_2O_3	159.69	$Na_2C_2O_4$	134.00
Fe_3O_4	231.54	NaCl	58.44
FeS	87.91	$NaHCO_3$	84.01
$HC_2H_3O_2$	60.05	NaOH	40.00
HCl	36.46	Na_2SO_4	142.04
HNO_2	47.02	$Na_2S_2O_3$	158.10
HNO_3	63.02	P_2O_5	141.95
H_2O	18.02	$PbCl_2$	278.10
H_2O_2	34.02	$PbSO_4$	303.25
H_3PO_4	97.99	SO_2	64.06
H_2S	34.08	SO_3	80.06
H_2SO_3	82.08	$SnCl_2$	189.61
H_2SO_4	98.08	$SrCO_3$	147.63
$HgCl_2$	271.49	ZnO	81.37
KBr	119.01	$Zn_2P_2O_7$	304.68

參考書目

著者寫這本書時參考下列各書藉及資料，在此向各著者及出版公司致謝。

1. 魏明通（1976） 普通化學實驗 三民書局有限公司。
2. 魏明通（2006） 普通化學 五南圖書出版有限公司。
3. 魏明通（2002） 分析化學 五南圖書出版有限公司。
4. 國立台灣師範大學化學系（2005）九十四學年度 普通化學實驗講義 國立台灣師範大學化學系。
5. 王怡仁編譯（1972）普通化學實驗 南山堂出版社。
6. 白石振作等（2006）化學 I 大日本圖書株式會社。
7. 白石振作等（2006）化學 II 大日本圖書株式會社。
8. 長倉三郎等（2006）化學 II 東京書藉株式會社。
9. 坪村 參等（1993）標準化學 IB 新興出版社啟林館。
10. 堀內和天等（2001）圖說化學 東京書藉株式會社。
11. 松原靜郎等（1994）調查身邊的環境 東洋館出版書。
12. Wendell M. Latimer and Richard E. Powell (1964) A Laboratory course in General chemistry.
13. Michell J. Sienko and Robert A. Plane (1972) Experimental chemistry (4th edition).

國家圖書館出版品預行編目資料

普通化學實驗／魏明通著. 一初版.一臺北市：
五南圖書出版股份有限公司， 2007 [民 96]
面； 公分.
參考書目：面
I S B N: 978-957-11-4817-5（平裝）
1.化學 - 實驗
347 96012179

5BC1

普通化學實驗

編　　著 一 魏明通
企劃主編 一 王正華
文字編輯 一 陳書彥
責任編輯 一 金明芬
封面設計 一 鄭依依
出 版 者 一 五南圖書出版股份有限公司
發 行 人 一 楊榮川
總 經 理 一 楊士清
總 編 輯 一 楊秀麗
地　　址：106 臺北市大安區和平東路二段 339 號 4 樓
電　　話：(02)2705-5066　傳　　真：(02)2706-6100
網　　址：https://www.wunan.com.tw
電子郵件：wunan@wunan.com.tw
劃撥帳號：01068953
戶　　名：五南圖書出版股份有限公司
法律顧問　林勝安律師
出版日期　2007 年 8 月初版一刷
　　　　　2024 年 8 月初版六刷
定　　價　新臺幣 320 元